Umesh Kumar Garg
Dhiraj Sud

Sequestro de metais utilizando resíduos agrícolas

Umesh Kumar Garg
Dhiraj Sud

Sequestro de metais utilizando resíduos agrícolas

Tecnologias mais limpas

ScienciaScripts

Imprint
Any brand names and product names mentioned in this book are subject to trademark, brand or patent protection and are trademarks or registered trademarks of their respective holders. The use of brand names, product names, common names, trade names, product descriptions etc. even without a particular marking in this work is in no way to be construed to mean that such names may be regarded as unrestricted in respect of trademark and brand protection legislation and could thus be used by anyone.

Cover image: www.ingimage.com

This book is a translation from the original published under ISBN 978-3-659-37640-5.

Publisher:
Sciencia Scripts
is a trademark of
Dodo Books Indian Ocean Ltd. and OmniScriptum S.R.L publishing group

120 High Road, East Finchley, London, N2 9ED, United Kingdom
Str. Armeneasca 28/1, office 1, Chisinau MD-2012, Republic of Moldova, Europe
Managing Directors: Ieva Konstantinova, Victoria Ursu
info@omniscriptum.com

Printed at: see last page
ISBN: 978-620-8-52628-3

ÍNDICE

AGRADECIMENTOS

Esta tese é o produto de muitos anos de trabalho, procrastinação, mudança de ideias e opiniões e uma quantidade colossal de ajuda externa. Os quatro primeiros da lista foram obra minha e, em diferentes graus, ajudaram e dificultaram a realização da tese. Qualquer erro ou falha é da minha exclusiva responsabilidade. O último item da lista é, sem dúvida, o mais significativo, uma vez que aumentou a minha produtividade e minimizou as minhas falhas sempre que possível. A procura de conhecimento persiste enquanto o cérebro estiver ativo, o que ajuda na investigação e na tecnologia. A procura não termina quando a tecnologia é realizada, mas sim quando se resolvem as suas ramificações. Um dos principais sistemas de suporte de vida, a água, fica contaminada devido às resoluções tecnológicas dos tempos modernos. Orgulho-me de fazer investigação para tentar encontrar soluções para descontaminar a água devido à poluição de várias indústrias que descarregam águas residuais contaminadas com metais pesados.

Este é talvez o capítulo mais fácil e mais difícil que tenho de escrever. Será simples nomear todas as pessoas que me ajudaram a fazer isto, mas será difícil agradecer-lhes o suficiente. Em primeiro lugar, agradeço ao Senhor Todo-Poderoso por me ter abençoado para levar a cabo esta tarefa árdua.

Esta tese nasceu de uma série de diálogos com o meu orientador, o Dr. Dhiraj Sud, que esteve sempre disponível como um recurso, quer a nível emocional, social, académico ou administrativo. Através do seu questionamento socrático, a Dra. Sud aproximou-me da realidade que eu tinha inicialmente percepcionado, permitindo-me eventualmente compreender a sua rica complexidade.

Estou profundamente grato ao Dr. V. K. Garg, o co-orientador da investigação, que me orientou constantemente com a sua abordagem científica em relação a este trabalho. Foi a sua vigilância constante que me impediu de me desviar do meu trabalho em alturas difíceis e de o concluir com todo o fulgor.

Agradeço a Deus por me ter concedido a bênção e a orientação da Dra. Manjinder Pal Kaur e do seu marido, o Dr. Vandeep S. Shergill. Expresso-lhe a minha profunda gratidão pela sua orientação inspiradora, pelos seus conselhos e sugestões durante as fases difíceis da investigação. Ela tem sido uma epopeia de positivismos ao longo do meu trabalho de investigação.

Estou grato ao Prof. Dr. B. K. Kanungo, Diretor e Decano de I&D, ao Dr. Harish Chopra, ao Dr. Damanjeet Singh e ao Departamento de Química do Instituto de Engenharia e Tecnologia de Sant Longowal por terem fornecido a ajuda e as instalações necessárias para a realização do meu trabalho de investigação.

Desde os meus primeiros dias no SLIET, Longowal, o Dr. Sushil Kansal, o Dr. S.K. Sahoo e Ratikant Bera partilharam tantos momentos especiais, contribuindo para uma história comum cujas páginas coloridas me conduzem agora a um novo capítulo. O apoio caloroso de todos os meus amigos do SLIET permitiu-me concluir esta tese e passar momentos maravilhosos ao longo do caminho. Gostaria de poder mencionar cada um individualmente, mas em vez disso vou dar uma grande festa.

Estou igualmente grata aos meus colegas Garima Mahajan, Navneet Kaur, Preety Bansal, Paramjeet Kaur, Amit Makkar e G. S. Deol pelo seu apoio no laboratório e, em especial, a ***Shaman*** pelos seus cuidados de irmã durante a compilação do trabalho.

Sr. Parveen K. Garg e Sr. Barjinder Singh, duas pessoas e irmãos maravilhosos por partilharem todos os meus fracassos e sucessos. Agradeço-lhes sinceramente por me ajudarem financeiramente e por gerirem a vida pessoal com as actividades de investigação.

Onde é que eu estaria sem a minha família? Os meus pais merecem uma menção especial pelo seu apoio inseparável e pelas suas orações. O meu pai, em primeiro lugar, é a pessoa que colocou os fundamentos no meu carácter de aprendizagem, mostrando-me a alegria da busca intelectual desde criança. A minha mãe é a pessoa que me educou sinceramente com o seu amor carinhoso e gentil. Harish Garg, Bhavna e Minakshi garg, obrigado por serem irmãos solidários e carinhosos.

Não tenho palavras para exprimir o meu apreço pela minha mulher, ***Sónia***, cuja dedicação, amor e confiança persistente em mim me tiraram o peso dos ombros. Devo-lhe o facto de ter deixado a sua inteligência, a sua paixão e as suas ambições colidirem com as minhas, e à minha filha *Pari*, o facto de me ter dado conselhos, apoio incondicional e amor em cada curva do caminho.

Os meus agradecimentos especiais ao Dr. S. S. Bhatti, Diretor da AIET, Faridkot, por ter proporcionado um ambiente propício e amplas infra-estruturas e apoio para concluir a minha tese.

Por último, gostaria de agradecer a todas as pessoas que foram importantes para a realização bem sucedida da tese, bem como apresentar as minhas desculpas àquelas que não pude mencionar pessoalmente uma a uma.

(Umesh Kumar Garg)

RESUMO

O aumento da utilização de metais pesados resultou num aumento do fluxo de substâncias metálicas em diferentes segmentos ambientais. Estes iões metálicos tóxicos, tais como o crómio (Cr), o chumbo (Pb), o cobre (Cu), o zinco (Zn), o níquel (Ni), o cobalto (Co), a prata (Ag) e o cádmio (Cd), são introduzidos nos cursos de água através de várias actividades industriais, nomeadamente a extração mineira, a refinação de minérios, as indústrias de fertilizantes, os curtumes, as baterias, os corantes e pigmentos, as indústrias do papel, os pesticidas, etc. Ao contrário dos poluentes orgânicos, que, na maioria dos casos, podem ser destruídos, os metais pesados descarregados no ambiente tendem a persistir indefinidamente, circularmente e, eventualmente, ao longo da cadeia alimentar, causando assim sérias ameaças aos seres humanos e ao organismo.

Metais pesados como o níquel, o zinco, o cobre, o crómio, o chumbo e o cádmio são amplamente utilizados nas indústrias de galvanoplastia/curtimento e de transformação de metais. Existem cerca de 2000 fábricas de curtumes espalhadas por toda a Índia. Cerca de 75% destas fábricas de curtumes encontram-se no sector artesanal e de pequena escala. Os metais pesados são tóxicos mesmo em quantidades mínimas, pelo que nenhum metal deve exceder o limite de 3mg/L nos efluentes. Mesmo uma dose aguda destes metais pesados provoca uma inflamação gastrointestinal grave e lesões no fígado e nos rins, tonturas, sede intensa, dores abdominais, vómitos e choque.

As tecnologias mais comuns para a remoção de metais pesados das águas residuais incluem a precipitação química, a oxidação/redução química, a osmose inversa, a permuta iónica, o tratamento eletroquímico e a recuperação por evaporação, etc. No entanto, estes procedimentos têm desvantagens significativas, nomeadamente a remoção incompleta do metal, a elevada necessidade de reagentes, a menor eficiência, o funcionamento sensível

condições, geração de lamas tóxicas ou são muito dispendiosas quando as concentrações de contaminantes são inferiores a 100 mg/l. A dosagem química adicional pode afetar a atividade dos microrganismos no processo subsequente de lamas activadas para a remoção da CQO. Outra tecnologia poderosa é a adsorção de metais pesados por carvão ativado; no entanto, o elevado custo do carvão ativado e a sua perda durante a regeneração restringem a sua aplicação. Desde a década de 1990, a adsorção de iões de metais pesados por materiais orgânicos renováveis de baixo custo tem vindo a ganhar força. A utilização de algas marinhas, bolores, leveduras, biomassa microbiana morta, xantato de amido insolúvel, cascas de árvores, pele de cebola, palha, casca de coco, resíduos de maçã para a remoção de metais pesados também tem sido explorada, mas o problema da menor eficiência e das condições de funcionamento sensíveis persiste.

Recentemente, a atenção foi desviada para os biomateriais que são subprodutos ou resíduos de operações industriais em grande escala ou resíduos agrícolas. Uma fonte abundante de biomassa potencialmente absorvente de metais são os resíduos agrícolas, nomeadamente farelo de arroz, cascas de amendoim, serradura, bagaço de cana-de-açúcar, carolo de milho, cascas de amendoim e farelo de trigo, etc. São materiais amplamente disponíveis, inesgotáveis e baratos que apresentam uma especificidade significativa para os iões de metais pesados visados. Todos os recursos lignocelulósicos contêm compostos polifenólicos, como taninos e ligninas, como propriedades comuns que se acredita serem os locais activos para a fixação de catiões de metais pesados. Estes são adsorventes eficazes para uma vasta gama de solutos, particularmente para catiões de metais divalentes. Estes recursos, uma vez utilizados para a remoção de metais pesados, podem ser regenerados por eluição dos iões metálicos utilizando diferentes ácidos diluídos para obter sais metálicos solúveis e podem ser utilizados repetidamente. O processo envolve a aplicação de vários resíduos agrícolas de baixo custo, quer na forma bruta/natural, quer dopados com alguns grupos químicos. As principais vantagens da biossorção em relação aos métodos de tratamento convencionais incluem: baixo custo, alta eficiência, minimização de lamas químicas ou biológicas, nenhuma necessidade adicional de nutrientes, regeneração de biossorventes e possibilidade de recuperação de metais.

No presente estudo, foram selecionados vários biossorventes naturais de baixo custo, nomeadamente o bagaço de cana-de-açúcar (SCB), o bagaço de óleo de pinhão-manso (DOC) e a espiga de milho (MCC), para a remoção de metais tóxicos como o crómio, o cádmio, o níquel e o zinco de soluções industriais e simuladas, tendo sido efectuado um estudo comparativo com diferentes permutadores de iões contendo grupos funcionais como o ácido imino-di-acético e o ácido carboxílico.

O bagaço de cana-de-açúcar, um subproduto da transformação da cana-de-açúcar, é produzido em grandes quantidades na Índia. O bagaço é utilizado como combustível pelas fábricas de açúcar ou como matéria-prima para o fabrico de papel. As espigas de milho são resíduos agrícolas altamente volumosos e não dispendiosos do processo de moagem do milho. Têm uma densidade aparente de 0,320 g/cm^3 para uma gama de partículas de 0,85-2,00 mm. A cultura de Jatropha foi recentemente introduzida no Norte da Índia para a recuperação de biodiesel a partir das suas sementes.

Os adsorventes selecionados foram recolhidos localmente e fervidos com água durante 30 minutos para remover os açúcares solúveis presentes, secos a 120^{0}C em estufa de ar quente durante 24 horas, moídos e peneirados. A caraterização dos adsorventes foi efectuada através de vários parâmetros físicos e químicos, tais como o tamanho das partículas, a análise elementar, o teor de cinzas, a proteína bruta, a fibra, o teor de gordura bruta, o pH, a celulose, a proteína, a lenhina, etc. Os espectros FT-IR dos adsorventes apresentam vários picos de adsorção que indicam a natureza complexa dos adsorventes estudados. Da mesma forma, o SEM também foi registado para explorar a morfologia dos adsorventes estudados. Os estudos de SEM revelaram que o tamanho de todos os biossorventes se situava na gama de 10-100 microns. Estruturalmente, os materiais agrícolas são constituídos por lenhina, celulose, hemicelulose e algumas proteínas, o que os torna biossorventes eficazes para catiões de metais pesados. O bagaço de cana de açúcar continha 45% de celulose, 28% de hemicelulose e 18% de lenhina. As espigas de milho continham principalmente celulose (52%), hemicelulose (32%) e lenhina (15,5%), enquanto o bagaço de óleo de Jatropha continha gordura bruta (38%), hidratos de carbono (17%), proteína bruta (18%), fibra (15,5%) e cinzas (5,3%). Os efluentes foram recolhidos de várias indústrias de pequena escala de Ludhiana e caracterizados por métodos normalizados para a turbidez, os sólidos totais, a condutividade, a CQO, o teor de cloreto, o teor total de iões metálicos, o pH e os sólidos em suspensão, etc. Com base no teor de metais pesados, o trabalho experimental foi planeado e as soluções simuladas foram preparadas.

A bioadsorção de iões metálicos selecionados, tais como Cr (VI), Ni (II), Cd (II) e Zn (II), nos adsorventes viz. bagaço de cana-de-açúcar (SCB), bagaço de óleo de pinhão-manso (JOC) e espiga de milho MCC foi investigada através de experiências de adsorção em lotes. Foram realizados conjuntos de experiências variando os parâmetros que afectam a remoção de iões de metais pesados, tais como pH (2-7,5), tempo de contacto (5-120min.), velocidade de agitação (50-250 rpm), concentração de iões metálicos (5-500 ppm) e dose de adsorvente (50-2500mg). Todas as experiências foram efectuadas em triplicado e os valores médios são apresentados. A concentração de iões metálicos foi analisada espectrofotometricamente (espetrofotómetro UV-VIS de matriz dupla modelo Agilent 8453) potenciometricamente utilizando o medidor seletivo de iões Thermo Orion 920A e o espetrofotómetro de absorção atómica.

Foram realizadas experiências semelhantes utilizando permutadores de iões como o Amberlite IR-120 e o Chelex-100 para o tratamento de soluções aquosas contendo iões de metais pesados, como o crómio, o níquel, o cádmio e o zinco, respetivamente, através dos métodos discutidos para os adsorventes. Foram estudados os parâmetros que afectam a eficiência da remoção de iões metálicos, tais como o pH (2-7), a concentração de iões metálicos (5 ppm - 500 ppm), a dose de adsorvente (50 mg - 1,0 g) e a velocidade de agitação (50 rpm - 250 rpm).

Foi montada uma instalação à escala de bancada para a adsorção em minicoluna. O arranjo experimental consiste numa coluna de vidro borossilicato de 20 mm de diâmetro. Foram instalados pontos de amostragem antes e depois das colunas para recolha de amostras do efluente a intervalos regulares. O efluente, depois de passar pelas colunas, foi descarregado num reservatório por baixo da coluna. O adsorvente previamente humedecido e desgaseificado é embalado até à altura desejada do leito (cm) numa coluna cheia de água de 20 mm (diâmetro interno) e é mantido submerso durante todo o processo para evitar o aprisionamento de ar no leito. O funcionamento foi efectuado em modo de obturação do fluxo descendente. As amostras do efluente e do afluente foram recolhidas a intervalos regulares. Todas as experiências de sorção foram realizadas à temperatura ambiente e o pH inicial optimizado para o respetivo ião metálico foi mantido.

A remoção de iões metálicos de correntes aquosas utilizando materiais agrícolas baseia-se na biossorção de metais. Devido à elevada afinidade do adsorvente pelas espécies de iões metálicos, estes são atraídos e ligados por um processo bastante complexo, afetado por vários mecanismos que envolvem a quimiossorção, a complexação, a adsorção na superfície e nos poros, a permuta iónica, a quelação, a adsorção por forças físicas, o aprisionamento em capilares inter e intrafibrilares e em espaços da rede estrutural de polissacáridos em resultado do gradiente de concentração e da difusão através da parede e da membrana celulares. Os resíduos agrícolas são geralmente compostos por lenhina e celulose como constituintes principais. Os principais grupos funcionais presentes nas moléculas de biomassa, incluindo os grupos carbonilo, fenólico, carboxilo estrutural, álcoois e ésteres, etc., têm afinidade para a complexação de metais. Os estudos espectrais FT-IR revelam a participação de vários grupos funcionais, tais como -OH e C-O, na ligação de metais, como confirmado pela deslocação das frequências vibracionais.

As experiências de adsorção foram realizadas na gama de pH de 2-7, mantendo todos os outros parâmetros constantes (concentração de iões metálicos = 50mg/l; velocidade de agitação = 250 rpm; tempo de contacto = 60 min, dose de adsorvente = 20g/l, temperatura = 25^{0}C). A adsorção máxima de crómio foi de 92%, 97% e 62% para SCB, JOC e MCC, respetivamente, a pH 2. O pH é um dos parâmetros mais importantes na avaliação da capacidade de adsorção de um adsorvente para iões metálicos e controla a capacidade de adsorção devido à sua influência nas propriedades de superfície do adsorvente e nas formas iónicas do metal em soluções.

A adsorção máxima de iões metálicos de cádmio (II) foi observada a pH 6 para todos os adsorventes. A ordem de capacidade de adsorção para os diferentes adsorventes foi JOC >MCC> SCB. A adsorção máxima de iões metálicos de níquel (II) foi observada a pH 6,5. A ordem de capacidade de adsorção para diferentes adsorventes foi MCC> SCB>JOC. Do mesmo modo, para os iões Zn (II), a adsorção máxima foi observada a pH 6,0 para todos os adsorventes, nomeadamente SCB, JOC e MCC, respetivamente.

Os estudos com os três biossorventes foram realizados variando o tempo de contacto de 5 a 120 minutos a uma concentração fixa de crómio (50 mg/l), velocidade de agitação (250 rpm), temperatura (25^{0}C) e pH (2,0).

Os estudos de biossorção foram realizados variando o tempo de contacto de 5 a 120 min a uma concentração fixa de Ni (II), Cd (II) e Zn (II) (50 mg/l), velocidade de agitação (250 rpm), temperatura (25^{0}C) e pH (6,0). A remoção máxima foi observada em 60 minutos por diferentes adsorventes.

O efeito na eficiência de remoção de Cr (VI) por diferentes adsorventes foi estudado variando a dose de [250,500, 1000, 1500 e 2000 mg/100 ml, respetivamente] mantendo constante a concentração de crómio (50 mg/l), a velocidade de agitação (250 rpm), o pH (2,0), a temperatura (25^{0}C) e o tempo de contacto (60 min). A eficiência máxima de remoção foi alcançada em 60 min com a dose de adsorvente de 20g/l. À medida que a dose de adsorvente foi aumentada de 2,5 para 20,0 g/l, a adsorção unitária para JOC, SCB e MCC diminuiu de 4,76 para 2,30 mg/g, 4,4 para 2,13 mg/g e 3,0 para 1,55 mg/g, respetivamente. A ordem da percentagem de remoção de crómio pelos adsorventes estudados foi a seguinte Bagaço de óleo de pinhão-manso> bagaço de cana-de-açúcar> sabugo de milho. Com o mesmo conjunto de experiências, os resultados indicam que a remoção máxima no caso do Cd (III) foi observada com uma dose de adsorvente de 2,0 g/100 ml de JOC, MCC e SCB. No caso da adsorção de Ni (II), a adsorção máxima para todos os biossorventes registou o seguinte padrão. Para o SCB, a remoção máxima foi observada a 1500 mg, para o MCC, a 500 mg, e para o JOC, mais uma vez, a adsorção máxima foi observada a 2g. Foi observado um padrão semelhante no caso dos iões Zn (II).

A eficácia dos adsorventes para a remoção de Cr (VI) foi estudada variando a concentração de metal de [5,10, 25, 50, 75, 100, 250 e 500 mg/l] mantendo constante a dose de adsorvente (20 g/l), a velocidade de agitação (250 rpm), o pH (2,0), a temperatura (25^0C) e o tempo de contacto (60 min). A percentagem de adsorção de crómio diminuiu com o aumento da concentração inicial de crómio. Quando a concentração de crómio na solução de ensaio aumentou de 5,0 para 500 mg/l, a adsorção unitária de crómio no JOC, SCB e MCC aumentou de 0,25 para 11,75 mg/g, 0,25 para 5,75 mg/g e 0,23 para 3,0 mg/g, respetivamente. No caso da adsorção de Cd (II), a capacidade de adsorção de SCB, MCC e JOC para Cd (II) aumentou de 0,24 para 6,75 mg/g, 0,25 para 8,4 mg/g e

0,25 a 10,5 mg/g, com o aumento da concentração de Cd (II) de 5,0 a 500 mg/l, respetivamente. A remoção de Ni (II) foi estudada variando a concentração [5, 10, 25, 50, 75, 100, 250 e 500 mg/l] mantendo constante a dose de adsorvente (1,5 g/l para SCB e 0,5g/l para MCC e 2,0 g/l para JOC), a velocidade de agitação (200 rpm), o pH (6,0) e o tempo de contacto (60 min). O aumento da concentração de níquel na solução de ensaio de 5,0 para 500 mg/l aumentou a capacidade de adsorção de NI (II) da SCB, da MCC e da JOC. O Zn seguiu a mesma tendência.

O efeito das rpm foi estudado através da variação da velocidade de agitação de 50 rpm para 250 rpm a uma concentração fixa de iões de carne (50 mg/l). A eficiência de remoção do ião metálico aumenta com o aumento da velocidade de agitação e a remoção máxima foi observada a 250 rpm.

O mesmo conjunto de experiências acima mencionado foi realizado para a remoção de iões metálicos selecionados pelos permutadores de iões , nomeadamente Amberlite IR-120 e Chelex 100. Foram obtidos excelentes resultados para iões metálicos com uma dose de resina de 250 mg, tempo de contacto de 60 minutos, velocidade de agitação de 250 rpm, pH natural, concentração de iões metálicos de 50 ppm.

Os estudos de mini-coluna realizados com a MCC revelaram a adequação deste biossorvente para ser utilizado na remoção contínua de iões metálicos dos efluentes, bem como das soluções simuladas. Dos parâmetros estudados, a altura do leito não tem qualquer efeito pronunciado sobre a absorção de metais. O aumento da taxa de fluxo (5-20 ml/min) resultou numa diminuição da absorção de iões metálicos. O processo de sorção foi avaliado em 5 ciclos de dessorção. Foi observada uma perda de desempenho de sorção à medida que o ciclo avançava.

A análise dos dados de equilíbrio é importante para desenvolver uma equação que possa ser utilizada para efeitos de conceção. Os modelos clássicos de adsorção, tais como os modelos de Langmuir e Freundlich, têm sido amplamente utilizados para descrever o equilíbrio estabelecido entre os iões metálicos adsorvidos na biomassa e os iões metálicos que permanecem em solução a uma temperatura constante. Os resultados experimentais obtidos para a adsorção de metais pesados selecionados no bagaço de cana-de-açúcar, no bagaço de óleo de Jatropha e na espiga de milho a temperatura constante, em condições pré-definidas de pH, dose de adsorvente e velocidade de agitação, obedeceram à isotérmica de adsorção de Freundlich. A isotérmica de adsorção de Freundlich representa a relação entre a quantidade de metal adsorvido por unidade de massa do adsorvente (x/m) e a concentração do ião metálico em solução no equilíbrio (c_e)

A isotérmica de Langmuir é válida para a adsorção de uma monocamada numa superfície que contém um número finito de sítios idênticos. Os gráficos de $c_e/(x/m)$ versus c_e são lineares, o que mostra que a adsorção dos iões de metais pesados selecionados segue o modelo de isoterma de Langmuir. Os valores do coeficiente de correlação (r) foram muito elevados para todos os adsorventes, o que indica que os dados se ajustam razoavelmente bem à isotérmica de Langmuir nos presentes estudos de adsorção. O valor do declive, que é inferior à unidade, implica que a adsorção significativa teve lugar a baixa concentração de iões metálicos.

O desenho das experiências foi utilizado para planear e analisar os dados experimentais. As experiências foram efectuadas para analisar o efeito combinado das variáveis independentes. Foi efectuada uma análise de variância dos dados recolhidos nas experiências. Em seguida, identificaram-se os parâmetros significativos e estudou-se o seu efeito nos parâmetros de resposta (% de adsorção). Foram desenvolvidas relações empíricas entre os parâmetros de saída e de entrada do processo através da metodologia de superfície de resposta (RSM). Os resultados indicam que a concentração de iões metálicos, a dose de adsorvente e o pH afectam a eficiência da remoção para um determinado período de tempo de contacto. Os resultados obtidos foram bastante comparáveis com os resultados obtidos nas experiências em lote.

Os resultados da adsorção por SCB, MCC e JOC de iões metálicos selecionados, nomeadamente crómio, níquel, cádmio e zinco, presentes nas várias águas residuais do processamento de metais e da galvanoplastia, mostraram que a biossorção pode ser utilizada como uma técnica eficiente e amiga do ambiente para a remoção de iões de metais pesados. As investigações demonstram a importância de selecionar os parâmetros de adsorção ideais para a aplicação prática deste processo. A remoção completa dos iões de metais pesados presentes nas águas residuais com materiais de resíduos agrícolas regeneráveis oferecerá a oportunidade de reutilizar as águas residuais nos processos de produção das indústrias em causa.

Capítulo - 1 INTRODUÇÃO

O abastecimento total de água do mundo é de cerca de 326 milhões de quilómetros cúbicos de água, mais de 96% é salgada. E, do total de água doce, mais de 68% está encerrada no gelo e nos glaciares. Outros 30 por cento da água doce estão no solo. As fontes de água de superfície, como os rios, constituem apenas cerca de 300 milhas cúbicas (cerca de 1/10.000 de um por cento da água total). A maior parte da população mundial utiliza as águas superficiais ou subterrâneas como fonte de abastecimento público de água. Para além da utilização doméstica, os processos industriais são um dos maiores consumidores de água. A água bruta é utilizada para vários processos de fabrico e nas unidades de produção e é descarregada sob a forma de águas residuais. A indústria moderna é, em grande medida, responsável pela contaminação destas fontes de abastecimento público de água.

Todos os anos são libertadas no ambiente quantidades enormes de compostos orgânicos e inorgânicos em resultado da atividade humana. Em alguns casos, estas libertações são deliberadas e bem regulamentadas (por exemplo, emissões industriais), enquanto noutros casos são acidentais (por exemplo, derrames de produtos químicos ou de petróleo). Ao contrário dos poluentes orgânicos, que na maioria dos casos podem eventualmente ser destruídos, os metais pesados descarregados no ambiente tendem a persistir indefinidamente, circularmente e eventualmente ao longo da cadeia alimentar, causando assim uma série de ameaças para o homem e o organismo (Chua e Hua, 1996; Cooke et al., 1990; Deniseger et al., 1990; Sag et al., 1995). Os efluentes das indústrias têxtil, do couro, dos curtumes, da galvanoplastia, da galvanização, dos pigmentos e corantes, da metalurgia e das tintas e de outras operações de transformação e refinação de metais em pequena e grande escala contêm uma quantidade considerável de iões metálicos tóxicos. A presença de iões de metais pesados na água apresenta graves riscos para o ambiente e para a saúde humana devido à sua toxicidade, à sua tendência para a bioacumulação e à sua abundância e persistência no ambiente (Kratochvil e Volesky, 1998).

Os metais pesados constituem os metais de transição do Grupo III, a série dos actinídeos (urânio, neptúnio, plutónio e amerício), a série dos lantanídeos e três dos metalóides do Grupo IV (arsénio, telúrio e selénio) da tabela periódica. Os termos "metais pesados" e "metais de transição" são frequentemente utilizados indistintamente, embora os metais de transição se refiram estritamente aos elementos do Grupo III. Os metais pesados existem em formas solúveis e insolúveis na água. Os sais de óxido, hidróxido, sulfureto e carbonato da maioria dos metais pesados não são solúveis ou são pouco solúveis em água. Os sais mais comuns de iões de metais pesados utilizados em operações industriais são solúveis em água, incluindo os sais de cloreto, sulfato e nitrato. Em solução, os iões de metais pesados existem na forma catiónica. A maioria dos catiões de metais pesados são divalentes, mas alguns são monovalentes (por exemplo, prata Ag (I) ou Cr (III) trivalente). Muitos metais pesados podem ter vários estados de oxidação (por exemplo, o ferro como Fe (II) ou Fe (III)). Os metais pesados também podem existir na forma solúvel como aniões oximetálicos. Os principais iões metálicos tóxicos perigosos para os seres humanos, bem como para outras formas de vida, são o Cr (VI), Fe (II), Cu (II), Co (II), Ni (II), Cd (II), Hg (II), As (III), Pb (II), Zn (II), etc.

1.1 METAIS PESADOS EM MEIO AQUOSO

O crómio é omnipresente no ambiente, ocorrendo naturalmente no ar, na água, nas rochas e no solo. O crómio (VI) é uma forma industrialmente importante deste elemento e é utilizado em aço inoxidável, galvanoplastia, corantes, indústrias de curtimento de couro e em conservantes de madeira. O processo de curtimento é uma das principais fontes de poluição por crómio à escala global. No processo de curtimento do crómio, o couro absorve apenas 60-80% do crómio aplicado, sendo o restante normalmente descarregado nas águas residuais, causando um grave impacto ambiental. Os dois estados mais comuns do crómio são o crómio (VI) e o crómio (III), dependendo do pH do fluxo. A forma trivalente é um nutriente essencial, mas a forma hexavalente é tóxica, cancerígena e mutagénica por natureza. É altamente móvel no solo e no sistema aquático e é também um forte oxidante capaz de ser absorvido pela pele. Altas doses de crómio (VI) têm sido associadas a defeitos congénitos e cancro. As plantas e os animais não bioacumulam crómio; por conseguinte, o impacto potencial de níveis elevados de crómio no ambiente é a toxicidade aguda para as plantas e os animais. Nos animais e nos seres humanos, esta toxicidade pode manifestar-se sob a forma de lesões cutâneas ou erupções cutâneas e lesões renais e hepáticas. Os níveis máximos permitidos para o crómio trivalente nas águas residuais são de 5 mg/l e para o crómio hexavalente são de 0,05 mg/l.

O cádmio metálico é produzido como um subproduto da extração, fundição e refinação dos metais não ferrosos zinco, chumbo e cobre. O cádmio apresenta uma excelente resistência à corrosão, particularmente em ambientes alcalinos e de água do mar, possui uma baixa temperatura de fusão e uma rápida atividade de troca eléctrica, e tem uma elevada condutividade eléctrica e térmica. A principal via antropogénica através da qual o Cd (II) entra nas massas de água é através dos resíduos de processos industriais como a galvanoplastia, o fabrico de plásticos, os processos metalúrgicos, as indústrias de pigmentos e as baterias de Cd/Ni. Os iões de cádmio têm pouca tendência para se hidrolisarem a $pH<8$, mas a $pH>11$, todos os iões de cádmio existem como complexos hidroxilados. É um elemento não essencial e não benéfico para as plantas e animais. Os efeitos nocivos dos iões Cd (II) são danos renais, hipertensão, destruição dos eritrócitos, náuseas, salivação, diarreia e cãibras musculares, degradação renal, problemas pulmonares crónicos, deformação esquelética, proteinúria, formação de cálculos renais e atrofia testicular. Os iões Cd (II) podem substituir os iões Zn (II) em algumas enzimas, afectando assim a atividade enzimática (IARC, 1976). O valor limite de iões Cd (II) (em mg/l) na água potável foi fixado em 0,01 pelo ISI, agora conhecido como Bureau of Indian Standards (BIS). O nível admissível (em mg/l) para a descarga de efluentes industriais em águas de superfície foi fixado em 0,02. O limite admissível para o Cd (II), tal como descrito pela OMS, é de 0,01 mg/l.

O níquel, sendo um metal branco, está amplamente distribuído na natureza, constituindo cerca de 0,008% da crosta terrestre. Embora forme compostos em vários estados de oxidação, o ião divalente parece ser o mais importante para as substâncias orgânicas e inorgânicas. As ligas de níquel são encontradas em moedas, equipamento elétrico, ferramentas, maquinaria, veículos, utensílios domésticos e joalharia. O níquel é também utilizado em galvanoplastia, pigmentos, cerâmica, na produção de baterias de níquel-cádmio e de níquel-hidreto metálico. 40% do níquel produzido é utilizado em fábricas de aço, baterias de níquel e na produção de algumas ligas, o que resulta no aumento da carga de Ni (II) no ecossistema e na deterioração da qualidade da água. Outras actividades humanas, incluindo a refinação de níquel e a combustão de petróleo e carvão, libertam níquel para o ambiente. Os alimentos e o fumo do cigarro são as maiores fontes de exposição ao níquel para a população em geral. A concentração de níquel nas águas residuais varia de um valor baixo de 0,5 mg/l a um valor elevado de 1000 mg/l. No entanto, a concentração média nos efluentes das instalações de galvanoplastia varia entre 10 e 80 mg/l. A concentração de Ni (II) nas águas residuais provenientes da drenagem de minas, da galvanização de louça de mesa, do acabamento de metais e do forjamento foi registada até 130 mg/l. A inalação de níquel a curto prazo pode causar dor de garganta e rouquidão. A ingestão de compostos de níquel pode provocar náuseas, vómitos, dores abdominais e diarreia. A exposição da pele ao níquel ou a compostos de níquel pode causar irritação cutânea. A inalação prolongada de níquel ou de compostos de níquel pode provocar asma e inflamação dos seios nasais. O níquel elementar e os seus compostos estão classificados como possíveis agentes cancerígenos para o ser humano. A concentração mais elevada de Ni (II) na água ingerida pode causar danos graves nos pulmões, rins, problemas gastrointestinais, por exemplo, náuseas,

vómitos, diarreia, fibrose pulmonar, edema renal e dermatite cutânea. O níquel pode reagir com o ADN e, em concentrações elevadas, pode provocar danos no ADN, como demonstrado pela mutagenicidade *in vitro*. O níquel e os seus compostos são também irritantes para a conjuntiva do olho e para as membranas mucosas do trato respiratório superior.

O zinco é principalmente utilizado no processo/fabrico de galvanização, latão, ligas, exceto latão, zinco forjado, pigmentos/químicos, etc. O zinco é utilizado como conservante da madeira e como fundente de soldadura, para pilhas secas, bem como no acabamento têxtil de fibra vulcanizada, na recuperação de borracha, no fabrico de papel pergaminho, em corantes, carvão ativado, síntese química, cimento dentário, desodorizantes e soluções de desinfeção e embalsamamento. As fontes antropogénicas de zinco descarregado nas águas residuais provêm das indústrias metalúrgicas, químicas, processos de fabrico de pasta de papel e papel, siderurgia com linhas de galvanização, metalurgia do zinco e do latão, chapeamento de zinco e latão, produção de fios e fibras de raiom viscose, etc. A carga média de zinco que chega aos ecossistemas aquáticos proveniente destas indústrias é de 33000 a 178000 toneladas/ano. Na atual produção de zinco, os factores de emissão são de 0,1-50 g de zinco por tonelada de metal produzido. A USEPA (1980) calculou que o escoamento urbano é responsável por aproximadamente 5200 toneladas/ano e a drenagem de minas inactivas por 4060 toneladas/ano. Sabe-se também que a elevada libertação de zinco para o ambiente provém de fontes de poluição não pontuais devido a actividades agrícolas, remobilização ou arrastamento de sedimentos, intrusão de águas subterrâneas ou de uma combinação destas fontes. Tendo em conta os efeitos adversos do zinco, as agências ambientais estabeleceram limites admissíveis para os seus níveis na água potável e noutros tipos de águas. O limite máximo permitido para o zinco nas águas de descarga foi fixado pela Agência de Proteção do Ambiente e pelo ISI em 5 mg/l. Os limites permitidos para alguns metais pesados tóxicos, juntamente com os seus perigos para a saúde, foram resumidos na Tabela 1.1.

Quadro 1.1: Limites máximos admissíveis e efeitos na saúde de vários metais pesados

Metais pesados	Limites admissíveis para a descarga de efluentes industriais (em mg/l)			Limites admissíveis por organismos internacionais (µg/l)		
	Para as águas interiores de superfície Normas indianas: 2490(1974)	**Para esgotos públicos Normas indianas: 3306(1974)**	**Em terras para irrigação Normas indianas: 3307 (1974)**	**OMS**	**USEPA**	**Riscos para a saúde**
Arsénio	0.20	0.20	0.20	10	50	Carcinogénico, produzindo tumores no fígado, na pele e efeitos gastrointestinais.
Mercúrio	0.01	0.01	--	01	02	Corrosivo para a pele, olhos e membrana muscular, dermatite, anorexia, lesões renais e dores musculares graves
Cádmio	2.00	1.00	--	03	05	Carcinogénico, causa fibrose pulmonar, dispneia e perda de peso.
Chumbo	0.10	1.00	--	10	05	Suspeito de ser cancerígeno, perda de apetite, anemia, dores musculares e articulares, diminuição do QI, esterilidade, problemas renais e tensão arterial elevada.
Crómio	0.10	2.00	--	50	100	Suspeito de ser cancerígeno para o ser humano, produzindo tumores pulmonares, dermatite alérgica
Níquel	3.0	3.0	--	--	--	Provoca bronquite crónica, redução da função pulmonar, cancro dos pulmões e dos seios nasais.
Zinco	5.00	15.00	--	--	--	Provoca uma doença de curta duração denominada "febre dos fumos metálicos" e inquietação.

Cobre	3.00	3.00	--	--	1300	A exposição prolongada provoca irritação do nariz, da boca e dos olhos, dores de cabeça, dores de estômago, tonturas e diarreia.

1.2 MÉTODOS DE REMOÇÃO DE METAIS PESADOS

1.2.1 MÉTODOS CONVENCIONAIS

Os procedimentos normalmente utilizados para remover iões metálicos de correntes aquosas incluem a precipitação química, a oxidação/redução química, a coagulação, a eletrodiálise, a osmose inversa e a permuta iónica. A precipitação química de metais é conseguida através da adição de coagulantes como o alúmen, a cal, os sais de ferro e outros polímeros orgânicos. A permuta iónica é o processo em que os iões metálicos de soluções diluídas são trocados por iões mantidos por forças electrostáticas na resina de permuta. A osmose inversa é um processo em que os metais pesados são separados por uma membrana semipermeável a uma pressão superior à pressão osmótica causada pelos sólidos dissolvidos nas águas residuais. Na eletrodiálise, os componentes iónicos (metais pesados) são separados através da utilização de membranas semipermeáveis selectivas de iões. A aplicação de um potencial elétrico entre os dois eléctrodos provoca a migração de catiões e aniões para os respectivos eléctrodos. Devido ao espaçamento alternado das membranas permeáveis a catiões e aniões, formam-se células de sais concentrados e diluídos. A ultrafiltração é a operação de membrana acionada por pressão que utiliza membranas porosas para a remoção de metais pesados (Gardea et al., 1998; Patterson, 1985; Zhang et al., 1998). No entanto, estas técnicas convencionais têm as suas próprias limitações inerentes, tais como uma menor eficiência, condições de funcionamento sensíveis, produção de lamas secundárias e, além disso, a eliminação é um assunto dispendioso (Ahluwalia e Goyal, 2005). Outra tecnologia poderosa é a adsorção de metais pesados por carvão ativado para o tratamento de águas residuais domésticas e industriais (Horikoshi et al., 1981; Hosea et al., 1986). No entanto, o elevado custo do carvão ativado e a sua perda durante a regeneração restringem a sua aplicação. Desde a década de 1990, a adsorção de iões de metais pesados por materiais orgânicos renováveis de baixo custo tem vindo a ganhar força (Bailey et al., 1999; Orhan e Bujukgungor, 1993; Rao e Parwate, 2002; Vieira e Volesky, 2000).

1.2.2 BIOSSORÇÃO DE METAIS PESADOS

A biossorção é um processo relativamente novo que tem demonstrado uma contribuição significativa para a remoção de contaminantes de efluentes aquosos. A biossorção pode ser considerada como a capacidade de os materiais biológicos acumularem metais pesados de águas residuais através de vias de absorção metabolicamente mediadas ou físico-químicas. As algas, as bactérias, os fungos e as leveduras demonstraram ser potenciais biossorventes de metais. A utilização de algas, bolores, leveduras e outra biomassa microbiana morta e de resíduos agrícolas para a remoção de metais pesados tem sido explorada (Bailey et al., 1999; Haung e Haung, 1996; Sudha e Abraham, 2003; Zhou e Kiff, 1991). O processo de biossorção envolve uma fase sólida (adsorvente) e uma fase líquida (solvente) que contém uma espécie dissolvida a ser adsorvida. Devido à elevada afinidade do adsorvente pelas espécies de iões metálicos, estas são atraídas e ligadas através de um processo bastante complexo, afetado por vários mecanismos que envolvem a quimisorção, a complexação, a adsorção na superfície e nos poros, a troca iónica, a quelação, a adsorção por forças físicas, o aprisionamento em capilares inter e intrafibrilares e em espaços da rede estrutural de polissacáridos em resultado do gradiente de concentração e da difusão através da parede e da membrana celulares. As principais vantagens da biossorção em relação aos métodos de tratamento convencionais incluem: baixo custo, elevada eficiência, minimização de lamas químicas ou biológicas, nenhuma necessidade adicional de nutrientes, regeneração de biossorventes e possibilidade de recuperação de metais.

1.2.3 RESÍDUOS AGRÍCOLAS COMO BIOSSORVENTES

Recentemente, a atenção foi desviada para os biomateriais que são subprodutos ou resíduos de operações industriais em grande escala e resíduos agrícolas. Os componentes básicos da biomassa de resíduos agrícolas incluem hemicelulose, lenhina, extractivos, lípidos, proteínas, açúcares simples, hidrocarbonetos, amido contendo uma variedade de grupos funcionais que facilitam a complexação de metais, o que ajuda à biossorção de metais pesados (Bailey et al., 1999; Hashem et al., 2005, 2007).

O bagaço de cana-de-açúcar, um subproduto da transformação da cana-de-açúcar, é produzido em grandes quantidades nos países asiáticos. Cerca de 54 milhões de toneladas secas de bagaço são produzidas anualmente em todo o mundo. O bagaço era utilizado anteriormente como combustível para as caldeiras das fábricas de açúcar ou como matéria-prima para o fabrico de produtos de pasta de papel e papel. Nestas indústrias, o bagaço é queimado para produzir energia para as fábricas de açúcar, mas os restos ainda são significativos. O bagaço remanescente continua a ser uma ameaça para o ambiente e uma utilização adequada deste resíduo é um objetivo importante a perseguir.

As espigas de milho são resíduos agrícolas altamente volumosos e não dispendiosos do processo de moagem do milho. Têm uma densidade aparente de 0,320 g/cm^3 para uma gama de tamanhos de partículas de 0,85-2,00 mm. As espigas de milho são muito ricas em celulose e hemiceluloses, que constituem $\approx$80% da matéria seca. Contêm muitos materiais poliméricos, como açúcares pentosanos e furfurais, que possuem muitos grupos funcionais que ajudam a ligar os iões metálicos à superfície da espiga de milho.

A Jatropha é um arbusto perene polivalente que produz óleo não comestível e é uma planta tolerante à seca. As suas sementes são utilizadas para produzir biodiesel. O governo indiano decidiu utilizar biodiesel a um nível de 5% no gasóleo normal até 2005-2007 (The Hindu Newspaper, 2004) e os caminhos-de-ferro indianos utilizam 2 milhões de quilogramas de gasóleo por ano. Por conseguinte, a transformação da Jatropha registará um enorme aumento e o bagaço de Jatropha será produzido em grandes quantidades.

1.2.4 PERMUTADORES DE IÕES

O processo de permuta iónica é muito eficaz para remover vários metais pesados e os permutadores podem ser facilmente recuperados e reutilizados através de uma operação de regeneração. As resinas de permuta iónica são uma variedade de diferentes tipos de materiais de permuta, que se distinguem em resinas naturais ou sintéticas. A utilização do processo de permuta iónica para remover metais de águas residuais tem sido amplamente estudada. No entanto, a recuperação ou remoção selectiva de um ou mais metais pesados de misturas multimetálicas utilizando resinas de permuta catiónica orgânicas comuns não é geralmente viável, particularmente para os iões metálicos com a mesma valência (W. Fries, 1993; A. Dabrowski, 2004). As resinas de permuta iónica com ligandos funcionais específicos, tais como o ácido iminodiacético (IDA), o ácido aminofosfónico e a amidoxima, geralmente designadas por resinas quelantes, podem satisfazer esses requisitos, embora os seus elevados custos de fabrico as tornem bastante limitadas para aplicações práticas (H. Eccles, 1992). No passado, a utilização de resinas quelantes para este efeito foi amplamente analisada (C.N. Haas, 1984; T.H. Karppinen, 2000; P. Menoud et.al., 2000; C.V. Diniz, 2005; L.C. Lin, 2005). Destes estudos, as resinas com ligando IDA, tais como Chelex 100, Amberlite IRC 748 e Purolite S930, têm sido frequentemente aplicadas devido à sua elevada seletividade e baixo custo de fabrico (H. Eccles, 1992). O ligando IDA pode reagir facilmente com iões de metais pesados para formar uma ligação covalente de coordenação estável (A. Dabrowski, 2004; H. Eccles, 1992).

Para o presente trabalho, foram selecionadas as resinas Chelex 100 e Amberlite IR-120. A Amberlite IR120 é uma resina de permuta catiónica fortemente ácida do tipo gel de poliestireno sulfonado. As suas principais caraterísticas são uma excelente estabilidade física, química e térmica, uma boa cinética de permuta iónica e uma elevada capacidade de permuta. A resina Chelex 100 é composta por copolímeros de estireno divinilbenzeno com grupos iminodiacetatos emparelhados. Os grupos iminodiacetato actuam como quelantes para ligar iões metálicos polivalentes.

1.3 ISOTÉRMICAS DE ADSORÇÃO

As isotérmicas de adsorção relacionam a concentração do adsorvato no volume e a quantidade adsorvida na interface. A isotérmica de adsorção mais simples baseia-se no pressuposto de que todos os locais de adsorção são equivalentes e de que a capacidade de uma partícula se ligar é independente do facto de os locais adjacentes estarem ou não ocupados. As isotérmicas de Langmuir e Freundlich são normalmente utilizadas em estudos de adsorção em descontínuo. A expressão de Freundlich é uma equação empírica baseada na sorção numa superfície heterogénea. A isotérmica de Langmuir assume que se forma uma camada monomolecular quando ocorre a biossorção e que não há interação entre moléculas (ou seja, metais) adsorvidas em locais de ligação adjacentes.

De acordo com o modelo da isotérmica de Freundlich

$$\log\frac{x}{m} = \log k_f + \frac{1}{n}\log C_e \qquad 1.1$$

Em que x/m é a quantidade de ião metálico sorvido no equilíbrio por grama de adsorvente (mg g^{-1}), C_e a concentração de equilíbrio do ião metálico na solução (mg/l), k_f e n são as constantes do modelo de

Freundlich. Os parâmetros de Freundlich kf e n são obtidos através da representação gráfica de log x/m versus log c_e.

De acordo com o modelo de isoterma de Langmuir

$$\frac{C_e}{q_e} = \frac{1}{Q_0 b} + \frac{C_e}{Q_0} \qquad 1.2$$

Onde c_e é a concentração de equilíbrio (mg/l), qe a quantidade absorvida no equilíbrio (mgg $^{-1}$), Q_0 e b são as constantes de Langmuir relacionadas com a capacidade de adsorção e a energia de adsorção. O gráfico linear de Ce/qe versus c_e mostra que a adsorção obedece ao modelo de Langmuir. *Q0* versus b foram determinados a partir do declive e da interceção do gráfico.

1.4 OPTIMIZAÇÃO DOS PARÂMETROS DO PROCESSO

A Metodologia de Superfície de Resposta (RSM) e o Design de Experiências são um conjunto de técnicas matemáticas e estatísticas úteis para a modelação e análise de problemas em que uma resposta de interesse é influenciada por diversas variáveis e o objetivo é otimizar essa resposta (Montgomery, 1997). Trata-se de uma estratégia de experimentação sequencial para a construção e otimização de modelos empíricos. Através da realização de experiências e da aplicação da análise de regressão, pode obter-se um modelo da resposta a algumas variáveis de entrada independentes. Com base no modelo da resposta, pode então ser deduzido um ponto quase ótimo.

Tendo todos estes aspectos em consideração, o presente trabalho foi realizado para estudar a remediação de metais pesados de soluções aquosas e efluentes industriais utilizando resíduos agrícolas como biossorventes e permutadores de iões.

O principal objetivo do presente estudo inclui:

1. Caracterizar os efluentes das indústrias de acabamento de metais relativamente a vários parâmetros físico-químicos, tais como pH, TDS, TSS, turvação, CQO, CBO e metais pesados, etc.

2. Selecionar os resíduos agrícolas como biossorventes com base na disponibilidade, no custo e na caraterização.

3. Realizar experiências em lote para a remoção de iões de metais pesados, nomeadamente Cr (VI), Ni (II), Zn (II) de Cd (II) de soluções simuladas e efluentes reais com resíduos agrícolas selecionados.

4. Investigar o efeito de vários parâmetros, como a dose de adsorvente, a concentração de iões metálicos, o tempo de contacto e o pH, na capacidade de adsorção.

5. Investigar a eficiência de remoção de permutadores de iões contendo diferentes grupos funcionais como o ácido imino-di-acético e o ácido sulfónico para sequestrar iões de metais pesados.

6. Analisar as conclusões dos resultados experimentais através da modelação matemática e da otimização dos parâmetros do processo.

Capítulo - 2 PESQUISA DE LITERATURA

Os metais pesados e a sua presença colocam problemas de eliminação ambiental devido à sua natureza não degradável e persistente. Os efluentes das indústrias têxtil, do couro, dos curtumes, da galvanoplastia, da galvanização, dos pigmentos e corantes, da metalurgia e das tintas e de outras operações de transformação e refinação de metais em pequena e grande escala contêm uma quantidade considerável de iões metálicos tóxicos. Estes iões metálicos tóxicos não só representam um risco potencial para a saúde humana como também para outras formas de vida. Do ponto de vista ecotoxicológico, os metais mais perigosos são o mercúrio, o chumbo, o cádmio, o arsénio, o crómio, o mercúrio, o níquel, o vanádio, o cobre e o zinco, embora todos estes metais estejam naturalmente contidos em níveis vestigiais (ppb a ppm) no solo. As estradas, auto-estradas, pontes e parques de estacionamento são superfícies impermeáveis e estão contaminadas por metais pesados provenientes dos gases de escape de automóveis e camiões, pneus e peças de motor desgastados, calços de travões, tinta desgastada e ferrugem. Na indústria automóvel, o cobre é utilizado nos calços dos travões, o níquel no lubrificante da gasolina e nas ligas metálicas e o zinco nos pneus e no revestimento metálico... Os efluentes industriais e as águas residuais das minas contêm uma variedade de metais, incluindo mercúrio, chumbo, cobre, cádmio, níquel, cobalto, ferro, zinco, manganês, ouro, prata e platina, que são tóxicos e/ou preciosos. (Verma et al. 1990). Os iões de metais pesados tóxicos presentes nas águas residuais industriais e mineiras, tais como o cobre, o chumbo, o cádmio, o crómio e o mercúrio, contaminam os recursos hídricos e têm causado grandes danos ao ecossistema (Morita et al. 1987). Vários desastres do passado, como a tragédia de Minimata no Japão (1953-1960) e a doença de Itai-itai no rio Jintsu, Japão (1947), são exemplos desastrosos. Cada ião metálico possui a sua própria ameaça para o ambiente. O mercúrio e os seus derivados são metilados e concentrados como derivados de metil-mercúrio por microrganismos, que se deslocam através da cadeia alimentar e causam problemas de saúde (Friedman et al. 1972). As partículas de chumbo, que são libertadas para o ambiente a partir de fontes artificiais, podem ser assimiladas pelo corpo humano através da ingestão de água, solo, lascas de tinta e poeiras contaminadas com chumbo; inalação de partículas de solo ou poeiras contendo chumbo no ar; e ingestão de alimentos que contenham chumbo do solo ou da água. O chumbo pode causar muitos problemas de saúde, mas prejudica particularmente o desenvolvimento neurológico das crianças. Assim, em resultado da crescente sensibilização para a toxicidade destes iões metálicos, a sua utilização em larga escala por várias indústrias tem sido posta sob controlo. Preocupadas em manter um ambiente saudável, as pessoas estão a exigir cada vez mais restrições ambientais. Assim, para atenuar a poluição por metais pesados, as indústrias, os engenheiros ambientais e os cientistas estão a procurar métodos económicos e eficientes para proteger os recursos hídricos da poluição. Como resultado destes esforços, surgiram vários métodos convencionais, como a adsorção, a precipitação (Inazuka et al. 1972; Moore 1972), a troca iónica (Laszlo e Dintzis 1994), a osmose inversa, a eletrólise e a eletrodiálise (Patterson e Jancuk 1977; De Renzo 1978).

2.1 CARVÃO ACTIVADO PARA A REMOÇÃO DE METAIS PESADOS

O carvão ativado granular é frequentemente preferido em muitas aplicações de tratamento de águas residuais, devido à sua facilidade de manuseamento e elevada capacidade de adsorção. Os resíduos celulósicos e lignocelulósicos há muito que são reconhecidos como materiais de base para a preparação de carvão ativado. Foi efectuada uma série de investigações para avaliar a influência específica das condições de pirólise na gaseificação subsequente e na microporosidade resultante obtida a partir de carvões lignocelulósicos. A vasta gama de precursores examinados para estes estudos incluiu resíduos tão diversos como papel de computador e cascas de noz, estrume de gado e papel de jornal. Rodriguez-Reinoso e os seus colaboradores (1984) da Universidade de Alicante, Espanha, têm-se destacado nos últimos 15 anos na preparação de carvões activos a partir de subprodutos agrícolas disponíveis localmente. Os caroços de azeitona (Linares Solano et.al., 1980; cascas de amêndoa (Linares Solano et.al., 1980), caroços de alperce e de pêssego são as matérias-primas predominantes. Mortley et al., 1988. Caracterizaram carvões activados a partir de materiais de morfologia variável, incluindo cascas e carapaças de coco, e compararam-nos com carvões comerciais para tratamento de águas. Laine *et al.,* 1989, prepararam recentemente carvões de coco venezuelano activados quimicamente, impregnando a casca com H3PO4 e utilizando um procedimento de carbonização/ativação num só passo a 450^0C. Yardim et al. 2003, investigou a remoção de mercúrio (II) de uma solução aquosa por carvão ativado obtido a partir de furfural. Foram descritos vários métodos desenvolvidos para a produção de carvões activados utilizando subprodutos agrícolas, que são utilizados com êxito para a remoção de Cu(II), Hg(II), Pb(II), Cd(II) e Ni(II) de águas residuais preparadas em laboratório e industriais. A adsorção simples de cádmio e cobre de soluções aquosas foi investigada em carvão ativado granular Darco 12±20 mesh para uma vasta gama de condições experimentais: pH, concentração de metal e concentração de carbono. As caraterísticas de absorção de metais das partículas de cinzas obtidas da combustão de resíduos sólidos de óleo de palma (referidas como cinzas combustíveis de óleo de palma) foram avaliadas utilizando crómio trivalente como modelo de adsorvato por Chu e Hashim, 2002. Num estudo comparativo, três adsorventes de baixo custo - carvão betuminoso, cascas de coco cru esmagadas e RHC - foram examinados quanto às suas capacidades de remoção de Cd (II) aquoso, um poluente que aparece frequentemente em níveis inaceitáveis nas escorrências das instalações da indústria de fundição, nas lamas de depuração e numa variedade de fontes agrícolas. Ho e McKay (2000) efectuaram uma pesquisa exaustiva sobre a utilização da turfa para a remoção de metais pesados. Paula Marzal et.al., 1999, estudaram as caraterísticas de adsorção de cádmio e zinco em carvões activados granulares. Os processos de adsorção foram modelados utilizando o modelo de camada tripla (TLM) de formação de complexos de superfície (SCF) com uma espécie bidentada global.

2.2 PERMUTADORES DE IÕES PARA A REMOÇÃO DE METAIS PESADOS

Ruey-Shin Juang e Shwu-Hwa Lee, 1996, estudaram a sorção em coluna de iões de zinco e cobre a partir de soluções aquosas simples de sulfato utilizando resinas macroporosas impregnadas de extrato a 298 K. O estudo mostrou que o pH e o tipo de resina desempenhavam um papel importante na determinação da forma da curva de rutura. Jack et.al., 1996; Korngold et.al, 1996, estudaram a remoção selectiva de metais pesados como Cu (II), Ni (II), Co (II), Mn (II), Cd (II) e Pb (II) da água da torneira que contém concentrações relativamente elevadas de cálcio e magnésio com uma resina de permuta catiónica que possui um grupo quelante de ácido iminodiacético. A remoção dos metais pesados da resina foi efectuada com sucesso com 3M HCI ou HNO_3. Kais et.al, 1997, estudaram as propriedades de sorção da resina formadora de quelatos em relação a vários iões divalentes (Mg (II), Ca (II), Ni (II), Cu (II), Zn (II) e Cd (II)) através de uma técnica de equilíbrio estático em função do pH e do tempo de contacto. A resina exibiu uma elevada seletividade em relação aos iões Cu (II) e apresentou taxas rápidas de absorção de iões metálicos, particularmente para o Cu (II), que registou >90% de absorção em menos de 1 hora. Sultan et.al., 1998, realizaram um estudo em condições competitivas e não competitivas para a remoção de chumbo e cádmio de uma solução aquosa por permuta iónica descontínua com um zeólito Na-Y sólido . A remoção do chumbo foi muito superior à do cádmio em condições experimentais idênticas e verificou-se que a eficiência de permuta do Na-Y era da ordem Ni (II)< Cu (II) <Cd (II)< Pb (II).

Grebenyuk et.al., 1998, estudaram a seletividade do poliampolito ANKB-35 para a remoção de iões Ni (II), Cu (II), Zn (II) e Cd (II). O estudo mostrou que o permutador de iões aminocarboxil ANKB-35 era um sorvente seletivo para iões de níquel, cobre, zinco e cádmio. Cortina et.al., 1998, centraram o seu estudo na extração de iões metálicos divalentes (Zn (II), Cu (II) e Cd (II)) com resinas impregnadas, preparadas por adsorção de um extrator bifuncional, O-metil-dihexil-fosfina-óxido *de* O-hexil-2-etil-ácido fosfórico (HL) em suportes poliméricos macroporosos de amberlite XAD-2 (XAD2-HL). Seco, et. al., 1999, estudaram a remoção de iões cúpricos de um efluente simulado de águas residuais constituído por uma solução de sulfato de cobre num leito fluidizado de resina de permuta catiónica com jorro de gás. Concluiu-se que tanto o reator descontínuo como o contínuo podem ser concebidos para a remoção dos iões de metais pesados mencionados. Winifred, et.al., 1999, avaliou o estudo comparativo da absorção de cinco iões metálicos (Cd (II), Cu (II), Ni (II), Pb (II) e Zn (II)) a partir de uma solução. Os resultados foram comparados com a adsorção de iões metálicos por três resinas comerciais de permuta catiónica, nomeadamente, Amberlite IR-120, Amberlite IRC-718 e Duolite GT-73 com as cascas de amendoim modificadas com ácido. Concluiu-se no estudo que os amendoins modificados com ácido têm uma melhor eficiência de absorção do que as resinas comercialmente disponíveis. Yang e Renken, 2000, trabalharam na aplicação de resinas de permuta iónica e concluíram que a taxa de adsorção é altamente dependente da taxa de difusão externa dos iões metálicos na resina.

No entanto, estas técnicas convencionais têm as suas próprias limitações inerentes, tais como uma menor eficiência, condições de funcionamento sensíveis, produção de lamas secundárias e, além disso, a eliminação é um assunto dispendioso (Ahluwalia e Goyal, 2005) e, em alguns casos, produzem elas próprias resíduos tóxicos (Shukla 1991; Laszlo e Dintzis 1994), pelo que estão a ser investigados métodos alternativos baratos que utilizam recursos naturais. Desde a década de 1990, a adsorção de iões de metais pesados por materiais orgânicos renováveis de baixo custo tem vindo a ganhar força. Tem sido explorada a utilização de algas, bolores, leveduras e outra biomassa microbiana morta e resíduos agrícolas para a remoção de metais pesados.

2.3 BIOMASSA MICROBIANA PARA A REMOÇÃO DE METAIS PESADOS

A bioremediação - utilizando microrganismos - é menos intrusiva, menos dispendiosa e acumula substâncias tóxicas para a sua remoção e sequestra-as para remoção em grande escala. O ecossistema microbiano pode alterar drasticamente o destino do metal que entra em ambientes aquáticos ou no solo. As bactérias, as cianobactérias e os fungos alteram a forma de ocorrência do metal através da metilação, quelação, complexação, catálise ou adsorção, afectando a sua biodisponibilidade e movimento na cadeia alimentar. Foi referido que muitos tipos de leveduras, fungos, algas, bactérias e algumas plantas aquáticas têm a capacidade de concentrar metais de soluções aquosas diluídas e de os acumular no interior da estrutura celular, Kapoor e Viraghavan, 1995; Volesky e Holan, 1995; Modak e Natarajan, 1996. Isto sugere que, sob a pressão selectiva da poluição ambiental, existe uma capacidade microbiana para a degradação de compostos recalcitrantes que pode ser aproveitada para a remoção de poluentes através de processos biotecnológicos. A biossorção por fungos como opção alternativa de tratamento de águas residuais contendo metais pesados foi analisada por Kapoor e Viraghavan (1995) e Modak e Natarajan (1996). Todos os fungos podem tolerar concentrações elevadas de metais potencialmente tóxicos e com outros micróbios; este facto pode estar relacionado com a diminuição da absorção intracelular ou da impermeabilidade. Foi demonstrada uma relação estreita entre toxicidade e absorção intracelular para Cu (II), Cd (II), Co (II) e Zn (II) na levedura *Saccharomyces cerevisiae* (White e Gadd; 1986).

Os micélios residuais de plantas de fermentação industrial (*A. niger, P. chrysogenum e C.paspali*) foram utilizados como biossorvente para a remoção de iões Zn (II) de ambientes aquosos, tanto em lotes como em colunas. Em condições optimizadas, *A.niger* e *C.paspali* foram considerados superiores a *P.chrysogenum* (Luef *et al.*, 1991). A remoção de iões de chumbo de uma solução aquosa por biomassa não viva de *Penicillium chrysogenum* foi estudada e observou-se que o Pb (II) era fortemente afetado pelo pH na gama de 4-5. A absorção de Pb (II) foi de 116 mg/g de biomassa seca, que foi superior à do carvão ativado e de alguns outros microrganismos (Niu et al., 1993). A biossorção de crómio pela biomassa não viva de *Chlorella vulgaris, Clodophora crispate, Zoogloea ramigera, Rhizopus arrhizus* e *Saccharomyces cerevisiae* foi estudada e observou-se que o pH inicial ótimo (1,0-2,0) da solução de iões metálicos afectava a capacidade de absorção de metais da biomassa para todos os microrganismos. As taxas máximas de adsorção de iões metálicos na biomassa microbiana foram obtidas a uma temperatura entre 25-350C.

As taxas de adsorção aumentaram com o aumento da concentração do metal. As células mortas de *Saccharomyces cerevisiae* removeram 40% mais urânio ou zinco do que as culturas vivas correspondentes.

A biomassa de *Rhizopus sexualis* e a baggase fermentada por *Rhizopus sexualis* ou *Aspergillus terreus* mostraram maior capacidade de sorção do que o carvão ativado. A remoção máxima de Ni das indústrias de galvanoplastia ocorreu com 2,5 g de biomassa de *Saccharomyces cerevisae* em 5 horas. A capacidade de absorção de Ni (II) de uma solução aquosa foi também estudada em fungos filamentosos como

Rhizopus sp., Penicillium sp. e *Aspergillus sp.* A absorção de metal foi mais elevada por *Rhizopus sp.* (Gill *et al.*, 1996). A biomassa de levedura *Saccharomyces cerevisiae*, que é um subproduto da indústria cervejeira, foi utilizada para a purificação de água poluída por iões de urânio, que teve uma eficiência de absorção de U de 2,4 mMol µg/ biomassa seca (Omar *et al.*, 1996). A biomassa morta de actinomicetos, que é o produto residual da fermentação industrial, foi misturada com águas residuais como uma suspensão bacteriana livre e ocorreu a biossorção. A adsorção de *Rhizopus arrhizus* foi mais elevada do que a de *Schizomeris leiblenii* (Ozer *et al.*, 1997). As células secas de *Rhizopus arrhizus* foram utilizadas para a remoção de iões de ferro (II), Pb (II) e Cd (II) das águas residuais industriais. Foram também efectuados estudos de biossorção com os fungos de podridão branca *Polyporous versicolor* e *Phanaerochaete chrysoporium* para Cu (II), Cr (III), Cd (II), Ni (II) e Pb (II) nas mesmas condições de funcionamento. A biomassa residual da indústria de fermentação farmacêutica, ou seja, *Rhizopus nigricans* não vivo, foi utilizada para a adsorção de chumbo numa gama de concentrações de iões metálicos, tempo de adsorção, pH e co-iões. O processo de absorção obedece às isotérmicas de Langmuir e Freundlich. A comparação da absorção entre a biomassa tratada com NaOH e a biomassa não tratada mostra que a adsorção tem lugar na estrutura de quitina da parede celular (Zhang *et al.*, 1998). A biossorção de Cu (II), Ni (II) e Cr (VI) de uma solução aquosa em algas secas (*Chlorella vulgaris, Scenedesmus obliquus* e *synechocystis sp.*) foi testada em condições laboratoriais em função do pH, do ião metálico inicial e da concentração de biomassa. Os resultados da experiência mostraram que a influência das concentrações de algas. A biomassa de resíduos não vivos de *Aspergillus niger* juntamente com farelo de trigo foi utilizada como biossorvente para a remoção de Zn (II) e Cu (II) de uma solução aquosa. A biomassa seca, não viva e granulada de *Streptoverticillium cinnamoneum* foi utilizada para a recuperação de Pb (II) e Zn (II) da solução. A capacidade de carga máxima da biomassa *de S. cinnamoneum* foi de 57,7 mg/g para o Pb (II) e de 21,3 mg/g para o Zn (II) com pré-tratamento em água a ferver.

2.4 RESÍDUOS AGRÍCOLAS PARA A REMOÇÃO DE METAIS PESADOS

Recentemente, a atenção foi desviada para os biomateriais que são subprodutos ou resíduos de operações industriais em grande escala e resíduos agrícolas. As principais vantagens da biossorção em relação aos métodos de tratamento convencionais incluem: baixo custo, elevada eficiência, minimização de lamas químicas ou biológicas, nenhuma necessidade adicional de nutrientes, regeneração de biossorventes e possibilidade de recuperação de metais. Os materiais agrícolas, em especial os que contêm celulose, apresentam uma capacidade potencial de biossorção de metais. Os componentes básicos da biomassa dos resíduos agrícolas incluem hemicelulose, lenhina, extractivos, lípidos, proteínas, açúcares simples, hidrocarbonetos, amido, contendo uma variedade de grupos funcionais que facilitam a complexação de metais, o que ajuda a sequestrar metais pesados (Bailey et al., 1999; Hashem et al., 2005, 2007). Os resíduos agrícolas, por serem económicos e ecológicos devido à sua composição química única, disponíveis em abundância, renováveis, de baixo custo e mais eficientes, parecem ser uma opção viável para a remediação de metais pesados. Os estudos revelam que vários resíduos agrícolas, como o farelo de arroz, a casca de arroz, o farelo de trigo, a casca de trigo, o pó de serra de várias plantas, a casca das árvores, as cascas de amendoim, as cascas de coco, a casca de grama preta, as cascas de avelã, as cascas de noz, as cascas de sementes de algodão, os resíduos de folhas de chá, folhas de cassia fistula, espiga de milho, bolos de jatropa, bagaço de cana-de-açúcar, maçã, banana, cascas de laranja, cascas de soja, talos de uva, jacinto de água, polpa de beterraba sacarina, talos de girassol, grãos de café, nozes de arjun, talos de algodão, etc. (Annadurai et al., 2002; Cimino et al., 2000; Hashem et al., 2006; Macchi et al., 1986; Maranon e Sastre, 1991; Mohanty et al., 2005; Orhan e Buyukgungor, 1993; Reddad et al., 2002; Tee e Khan, 1988). Estes resíduos agrícolas promissores são utilizados na remoção de iões metálicos, quer na sua forma natural, quer após algumas modificações físicas ou químicas.

2.4.1 REMOÇÃO DO CRÓMIO UTILIZANDO RESÍDUOS AGRÍCOLAS

O crómio é um metal pesado tóxico que é libertado no ambiente por aplicações como o curtimento, a preservação da madeira e pigmentos, corantes para plásticos, tintas e têxteis. O crómio encontra-se em vários estados de oxidação, mas o crómio (VI) e o crómio (III) são os que mais preocupam o ambiente (Chen et al., 2000). Tem sido relatado um extenso trabalho para a remoção de crómio utilizando resíduos de materiais agrícolas. Foram explorados vários resíduos agrícolas, como cascas de avelã, cascas de laranja, espigas de milho, cascas de amendoim, cascas de soja, frutos de jaca e cascas de soja em formas naturais ou modificadas, tendo sido registada uma eficiência de remoção significativa (Kurniawan et al., 2005). Diversas partes de plantas, como a medula da fibra de coco, a fibra da casca de coco, a casca de plantas (Acacia arabica, Eucalyptus), agulhas de pinheiro, folhas de cato, folhas de neem em pó, também foram experimentadas para a remoção de crómio, mostrando uma eficiência superior a 90-100% a um pH ótimo (Dakiky et al., 2002; Manju e Anirudhan, 1990; Mohan et al., 2006; Sarin e Pant, 2005; Singh et al., 2005; Venkateswarlu et al., 2007). A utilização de farelo de arroz e farelo de trigo como adsorvente é considerada menos eficaz, uma vez que apenas foi registada uma eficiência de remoção de 50% (Farajzadeh et al., 2004; Oliveira et al., 2005). Gardea et al., 2000 relataram que a Avena monida (biomassa de planta inteira) mostrou uma eficiência de remoção de 90% de Cr (VI) a um pH ótimo de 6,0. A casca de arroz em forma natural, bem como o carvão ativado de casca de arroz, foram utilizados para a remoção de crómio (VI) e os resultados foram também comparados com o carvão ativado comercial e outros adsorventes (Bishnoi et al., 2004; Mehrotra e Dwivedi, 1988; Srinivasan et al., 1988). A serradura de madeira de roseira da Índia preparada por tratamento com formaldeído e ácido sulfúrico mostrou uma remoção eficiente do crómio (VI) (Garg et al., 2004). A serradura de faia e a serradura de madeira de seringueira também foram experimentadas para a remoção do crómio (Acar, 2004; Karthikeyan et al., 2005). O bagaço de cana-de-açúcar foi utilizado na forma natural e modificada e a eficiência de ambas as formas foi comparada para a remoção de Cr (VI). (Gupta & Ali, 2004; Krishanani et al., 2004; Rao e Parwate, 2002). A utilização de bagaço de óleo de mostarda foi relatada com uma eficiência de remoção significativa e os resultados do carvão ativado de resíduos da indústria açucareira e do carvão ativado granular comercial para sequestro de iões de metais pesados de soluções aquosas foram comparados (Ajmal et al., 2005; Fahim et al., 2006). D.D. Das et.al., 2000, utilizaram estrume de vaca carbonizado ativado com H_2SO_4 conc. para a remoção de Cr (VI). A extensão da adsorção foi estudada em função do pH, do tempo de contacto, da quantidade de adsorvente, da concentração de adsorvato e da temperatura. O estudo revelou claramente que o carvão de estrume de vaca, após ativação, actua como um meio de adsorção razoavelmente bom para a forma hexavalente do crómio em soluções sintéticas nas concentrações mais baixas.

A maioria dos estudos mostrou que a biossorção de crómio por resíduos agrícolas é bastante elevada e varia entre 50-100%. A biossorção ocorre sobretudo na gama ácida. Assim, a especiação do crómio desempenha um papel dominante na decisão sobre a eficiência da remoção. O trabalho relatado na literatura para a remoção de crómio utilizando materiais de resíduos agrícolas foi resumido na Tabela 2.1.

2.4.2 REMOÇÃO DE CÁDMIO UTILIZANDO RESÍDUOS AGRÍCOLAS

O cádmio e os compostos de cádmio, em comparação com outros metais pesados, são relativamente solúveis em água, pelo que são móveis no solo e tendem a bioacumular-se. Os caixilhos de janelas em PVC de longa duração, os plásticos e o revestimento de aço são as fontes básicas de cádmio no ambiente. O cádmio acumula-se no corpo humano, especialmente nos rins, levando assim à disfunção dos mesmos (Volesky e Holan, 1995). A utilização potencial do farelo de arroz e do farelo de trigo foi experimentada para sequestrar o cádmio, tendo sido registada uma eficiência de remoção significativa (Montanher et al., 2005; Farajzadeh, et al., 2004; Singh, et al., 2005). Também foram realizados estudos sobre a utilização de polimento de arroz, casca de arroz e casca de grama preta na sua forma natural e modificada para a remoção de cádmio, tendo sido registada a sua eficiência relativa (Iqbal e Saeed, 2003; Kumar e Bandyopadhyay, 2006; Singh et al., 2005; Tarley, et al., 2004). A casca de plantas como pecia glehnii e abies sachalinensis e a biomassa vegetal seca de parthenium foram experimentadas para a remoção de cádmio (Ajmal et al., 2006; Seki et al., 1997). A utilização de outras partes das plantas, tais como cascas de ervilhas, folhas de figueira, favas, cascas de laranja, cascas de nêspera e frutos de jaca como adsorventes foi referida como apresentando uma elevada eficiência de remoção a pH ácido (Benaissa, 2006). As experiências de adsorção efectuadas com cascas de avelã, cascas de amendoim, cascas de noz e cascas de coco verde deram resultados significativos na remoção de cádmio (Johns et al, 1998, Kurniawan et al., 2006). Foram realizados estudos com carvão ativado de medula de bagaço, medula de coco, cascas de amendoim e tâmaras e a sua eficiência de remoção varia entre 50 e 98% (Kadirvelu et al., 2001; Kannanl et al., 2005; Krishnan et al., 2003; Mohan e Singh, 2002; Wafwoy, 1999). Também foi efectuada investigação utilizando materiais de resíduos agrícolas tratados quimicamente, como casca de arroz tratada com base, fibras de zimbro tratadas e carolo de milho modificado com ácido cítrico, cascas de amendoim modificadas, cana-de-açúcar tratada com anidrido succínico, etc. (Karnitz et al., 2007; Min et al., 2004; Vaughan et al., 2001). A maioria dos estudos mostrou que os resíduos agrícolas, quer na forma natural quer na forma modificada, são altamente eficientes na remoção de iões metálicos de cádmio (Tabela 2.2)

2.4.3 REMOÇÃO DE NÍQUEL UTILIZANDO RESÍDUOS AGRÍCOLAS

O níquel e os seus compostos não têm odor ou sabor caraterísticos. As fontes de níquel para o ambiente são a niquelagem, as cerâmicas coloridas, as baterias, os fornos utilizados para fazer ligas ou as centrais eléctricas e os incineradores de lixo. O efeito mais nocivo do níquel para a saúde são as reacções alérgicas (Akhtar et al., 2004). Foram efectuadas experiências sobre a remoção de níquel na biomassa de Cassia fistula na sua forma natural e os resultados mostram uma eficiência de remoção de 99-100% (Hanif, 2007). Também se experimentaram resíduos de folhas de chá para sequestrar o níquel de soluções aquosas (Ahluwalia e Goyal, 2005). O pó de serra de ácer, carvalho e alfarroba negra foi referido como um biossorvente promissor para a remoção de níquel (Sciban et al., 2006; Shukla et al., 2005). Os resíduos agrícolas, como as cascas de amendoim, noz-pecã, noz-pecã, avelã e amendoim, em forma natural ou modificada, também foram utilizados para biossorção (Demirbas et al., 2002; Johns et al., 1998; Kurniawan et al., 2005; Shukla e Pai, 2004). Outros resíduos agrícolas, como as fibras de coco modificadas, as sementes de algodão, os grãos de soja e as espigas de milho, também foram explorados para a remoção de níquel (Marshall et al., 1996; Shukla et al., 2005; Vaughan et al., 2001). O trabalho efectuado por vários trabalhadores sobre a remoção de níquel foi compilado na Tabela 2.3.

2.4.4 REMOÇÃO DE ZINCO E OUTROS METAIS UTILIZANDO RESÍDUOS AGRÍCOLAS

Outros iões metálicos, como o cobre, o zinco, o arsénio, o mercúrio e o cobalto, presentes em vários efluentes industriais, são motivo de preocupação ambiental devido à sua toxicidade, mesmo em baixas concentrações. A descarga destes iões metálicos nos sistemas aquáticos deve-se a várias aplicações humanas e industriais (Masri et al., 1974; Prasad e Dubay, 1995). A casca de arroz e o jacinto de água, juntamente com outros adsorventes de baixo custo, foram estudados para a remoção de arsénio e a eficiência varia entre 71-96% (Mohan et al., 2007). Para a remoção de iões de mercúrio, foi utilizada uma variedade de resíduos agrícolas, nomeadamente erva parthenium, agulhas de pinheiro secas, polpa de bambu, fibras de algodão modificadas e serradura (Masri et al., 1974; Rajeshwarisivaraj e Subburam, 2002; Roberts e Rowland, 1973; Shukla e Sakhardande, 1992). O pó de serra impregnado de cobre e quimicamente modificado foi também experimentado para a remoção de arsénio com uma eficiência significativa. (A utilização de pó de serra também desempenhou um papel significativo na remoção de iões metálicos de cobre (Ajmal et al., 1998; Larous et al., 2005). Outros materiais residuais, como cascas de trigo e medula de fibra de coco carbonizada, mostraram alta eficiência no sequestro de cobre metálico (Basci et al., 2003). Os bagaços de óleo de mostarda e a casca modificada de pinus radiate também se revelaram como potenciais biossorventes (Ajmal et al., 2005; Palma et al., 2003). Gupta et al., 1998, estudaram a absorção em equilíbrio, a dinâmica de sorção para a remoção de cobre e níquel de soluções aquosas e águas residuais utilizando escória activada, um adsorvente de baixo custo.

Tabela 2.1: Resumo do trabalho realizado por vários investigadores utilizando materiais de resíduos agrícolas de baixo custo para a remoção de crómio

Resíduos agrícolas	Ião metálico	Resultados	Referência
Biomassa de aveia	Cr (III), Cr (VI)	>80%	Gardea et al., 2000
Pó de serra tratado com formaldeído Pau-rosa da Índia	Cr (VI)	62-86%	Garg et al., 2004

Pó de serra de faia	Cr (VI)	100%	Acar et al., 2004
Bagaço tratado quimicamente	Cr (VI)	50-60%	Krishanani et al., 2004
Casca de arroz tratada com formaldeído	Cr (VI)	88.88%	Bishnoi et al., 2004
Cinzas volantes de bagaço	Cr (VI)	96 - 98%	Gupta et al., 2004
Sêmea de trigo.	Cr (VI)	>82%	Farajzadeh et al., 2004
Fibras de casca de coco	Cr (VI)	>80%	Mohan et al., 2006
Carvão ativado granular comercial (C2 & C3) e CA de resíduos da indústria do açúcar (C1)	Cr (VI)	93-98% C1>C2>C3	Fahim et al., 2006
Casca de eucalipto	Cr (VI)	Quase 100%	Sarin e Pant, 2005
Pó de folhas de Neem	Cr (VI)	>96%	Venkateswarlu et al., 2007
Pó de serra para madeira de borracha	Cr (VI)	60-70%	Karthikeyan et al.,2005
Bagaço pré-tratado com NaOH e CH3COOH	Cr (VI), Ni (II)	90%, 67%	Rao et al., 2002
Cinzas volantes de bagaço modificado	Cr (VI)	67%	Gupta et al., 1999
Carvão ativado a partir de bagaço (carbonização e gaseificação)	Cr (VI)	Absorção significativa de metais	Valix et al., 2006
Bagaço de cana-de-açúcar, espiga de milho, bagaço de óleo de pinhão-manso	Cr (III)	Até 97%	Garg et al., 2007
Sêmea de arroz crua	Cr (VI), Ni (II)	40-50%	Oliveira et al., 2005

Tabela: 2.2: Resumo dos trabalhos efectuados por vários investigadores que utilizaram uma variedade de resíduos agrícolas para a remoção de cádmio

Resíduos agrícolas	Ião metálico	Resultados	Referência
Cascas de ervilhas, folhas de figueira, favas, cascas de nêspera	Cd (II)	70-80%	Benaissa, 2005
Sêmea de trigo	Cd (II)	87.15%	Singh et al., 2005
Três tipos de casca de arroz tratada	Cd (II)	80 - 97%	Kumar et al., 2006
Polimento de arroz	Cd (II)	> 90%	Singh et al., 2005
Carvão sulfurizado ativado a vapor (SA-S-C) a partir de medula de bagaço	Cd (II)	98.8%	Krishnan et al., 2003
Fibra de zimbro tratada à base	Cd (II)	Elevada capacidade de remoção	Min et al., 2004

Casca de grama preta	Cd (II)	99%	Saeed et al., 2003
Palha, pó de serra, tâmaras	Cd (II)	>70%	Nagarethinam et al., 2005
Pó de parthenium seco	Cd (II)	>99%	Ajmal et al., 2006
Cinzas volantes de bagaço	Cd (II), Ni (II)	65 & 42%	Srivastava et al., 2006
Bagaço	Cd (II), Zn (II)	90-95%	Mohan et al., 2002
Cinzas volantes de bagaço	Cd (II), Ni (II)	90.0%	Gupta, 2003
Farelo de arroz	Cd (II), Cu (II), Pb (II), Zn (II)	>80.0%	Ahmed et al., 1998
Sêmea de trigo	Cd (II), Hg (II), Pb (II), Cr (VI), Cu (II), Ni (II)	>82% exceto Ni	Farajzadeh et al., 2004
Casca de avelã, casca de laranja, sabugo de milho, cascas de amendoim, cascas de soja tratadas com NaOH e frutos de jaca	Cd (II), Cr (VI), Cu (II), Ni (II), Zn (II)	Elevada adsorção de metais	Kurniawan et al., 2005
Madeira de papaia	Cd (II), Cu (II), Zn (II)	98, 95, 67%	Saeed et al., 2005
Palha de arroz, cascas de soja, bagaço de cana-de-açúcar, cascas de amendoim, cascas de nozes e nozes	Cd (II), Pb (II), Cu (II), Zn (II), Ni (II)	Pb>Cu>Cd>Zn> Ni	Johns et al., 1998
Pó de serra de madeira de choupo	Cd (II), Cu , Zn (II)	Cu>Zn>Cd	Sciban et al., 2007
Cana-de-açúcar modificada quimicamente com anidrido succínico	Cd (II), Cu (II), Pb (II)	>80%	Karnitz Jr. et al., 2007
Pó de casca de coco verde	Cd (II), Cr (II), As (II)	98%	Pino et al., 2006
Casca de Abies sachalinensis & pecia glehnii	Cd (II), Cu (II), Zn (II), Ag (II), Mn (II), Ni (II)	Até 63%	Seki et al., 1997

Tabela: 2.3: Resumo do trabalho efectuado por vários investigadores utilizando uma variedade de materiais de resíduos agrícolas para a remoção de níquel

Resíduos agrícolas	**Ião metálico**	**Resultados**	**Referência**
Carvão ativado com casca de avelã	Ni (II)	Remoção eficaz	Demirbas et al., 2002
Biomassa de Casia fistula	Ni (II)	100%	Hanif et al., 2007
Pó de serra de bordo	Ni (II)	75%	Shukla et al., 2005
Bagaço de cana-de-açúcar	Ni (II)	>80%	Garg et al., 2007
Resíduos de chá	Ni (II)	86%	Malkoc et al., 2005
Sêmea de arroz desengordurada, cascas de soja e de sementes de	Ni (II), Zn (II), Cu (II)	57%, 87%	Marshall et al., 1996

algodão tratadas quimicamente			
Resíduos de folhas de chá	Ni (II), Pb (II), Fe (II), Zn (II)	92%, 84%, 73%	Ahluwalia et al., 2005
Casca de avelã, casca de laranja, sabugo de milho, cascas de amendoim, cascas de soja tratadas com NaOH e frutos de jaca	Ni (II), Cr (II), Cu (II), Cd (II), Zn (II)	Elevada adsorção de metais	Kurniawan et al., 2005
Bolo de óleo de mostarda	Ni (II), Cu (II), Zn (II), Cr (II), Mn (II), Cd (II), Pb (II)	Até 94%	Ajmal et al., 2005
Cascas de amendoim e pó de serra carregados com corante	Ni (II), Cu (II), Zn (II)	Até 90%	Shukla et al., 2004
PFP (petiolar felt sheath palm) - cascas do tronco da palmeira	Ni (II), Pb (II), Cd (II), Cu (II), Zn (II), Cr (VI)	>70% Pb> Cd> Cu> Zn> Ni> Cr	Iqbal et al., 2002
Resíduos agrícolas de casca de grama preta	Ni (II), Pb (II), Cd (II), Cu (II), Zn (II)	Até93%	Saeed et al., 2005

Tabela 2.4: Resumo do trabalho realizado por vários investigadores utilizando uma variedade de materiais de resíduos agrícolas para a remoção de outros iões metálicos

Resíduos agrícolas	Ião metálico	Resultados	Referência
Pó de serra de madeira dura de carvalho e alfarroba negra (modificada e não modificada)	Ni (II), Cu (II) (II)	, Zn 70 - 90%	Sciban et al., 2006
Fibra de coco modificada quimicamente com peróxido de hidrogénio	Ni (II), Zn (II) (II)	, Fe >70%	Shukla et al., 2005
Núcleo de Kenaf modificado e não modificado, kenaf bast, bagaço de cana-de-açúcar, algodão, coco, abeto	Ni (II), Cu (II) (II)	, Zn Até88%	Sciban et al., 2007
Pó de serra carbonizado tratado quimicamente	As (III), Cr (VI)	80%, 95%	Nag et al., 1998
Serragem impregnada de cobre	Como (III)	>99%	Raji et al., 1998
Casca de arroz, Chitini, jacinto de água, esponja de celulose, cabelo humano	Como (III)	71 - 96%	Mohan et.al., 2007
Casca de trigo	Cu (II)	99%	Basci et al., 2004
Medula de milho carbonizada	Cu (II)	90%	
Casca de Pinus radiata	Metal múltiplo	>50%	Palma et al., 2003
Pó de serra de manga	Cu (II)	60%	Ajmal et al., 1998
Carvão partenium ativado	Hg (II),	Significativo	Rajeshwarisivaraj

Cr (VI),	t remoção	et.al., 2002
Fe (II)		

Capítulo - 3 MATERIAIS E MÉTODOS

3.1 MATERIAIS

3.1.1 RESÍDUOS AGRÍCOLAS

Os resíduos agrícolas, como o bagaço de cana-de-açúcar (SCB), a espiga de milho (MCC) e o bagaço de óleo de Jatropha (JOC), foram selecionados como biossorventes para a remoção de iões de metais pesados de soluções aquosas

3.1.2 PRODUTOS QUÍMICOS SINTÉTICOS

Para a realização do trabalho de investigação foram utilizados os seguintes produtos químicos

Dicromato de potássio	Merck, Alemanha
Nitrato de cádmio	Merck, Alemanha
Sulfato de zinco	Merck, Alemanha
Nitrato de sódio	Merck, Alemanha
Dimetilglioxima	Merck, Alemanha
1, 3 di-fenil carbazida	Merck, Alemanha
Ácido fosfórico	Merck, Alemanha
Permanganato de potássio	Merck, Alemanha
Ácido Sulfúrico	Merck, Alemanha
Ácido succínico	Merck, Alemanha
Ácido cítrico	Merck, Alemanha
NaOH	Merck, Alemanha
HCl	Merck, Alemanha
Cromato de potássio	Across organics, Nova Jersey, EUA
Nitrato de níquel	Across organics, Nova Jersey, EUA

3.1.3 PERMUTADORES DE IÕES

Amberlite -IR 120 e Chelex 100 da Sigma Aldrich Chemicals foram utilizados para estudos de remoção de iões de metais pesados de soluções e efluentes simulados.

3.1.4 AMOSTRAS DE EFLUENTES

As amostras de efluentes reais foram recolhidas nas unidades de galvanoplastia de Ludhiana e áreas próximas e caracterizadas para vários parâmetros.

3.1.5 INSTRUMENTOS UTILIZADOS

No presente estudo foram utilizados os seguintes instrumentos

Espectrofotómetro UV-Vis de matriz dupla, Agilent 8453	Análise da concentração de iões metálicos
Medidor de pH Modelo Orion 420A	O pH das soluções foi ajustado com HCI 1M ou NaOH 1M. HCl e NaOH
Elétrodo seletivo de iões Modelo Orion 920A	Análise da concentração de iões metálicos
Sistema de rastreio de CBO (HACH)	Determinação da CBO
Medidor de CQO Thermo Orion Aqua Fast II AQ 2040	Determinação da CQO
Medidor de condutividade	Determinação da condutividade
Agitador mecânico	Experiências em lote
Espectrofotómetro de adsorção atómica Modelo Shimadzu 6300, Japão	Análise da concentração de iões metálicos
Microscópio eletrónico de varrimento modelo JSM-840 JEOL da JEOL Techniques LTD, Japão	Estudos de caraterização
Modelo FT-IR Perkin-Elmer-RX 1FT-IR Sistema	Estudos de caraterização
Balança eletrónica (Shimadzu, Japão)	Medições

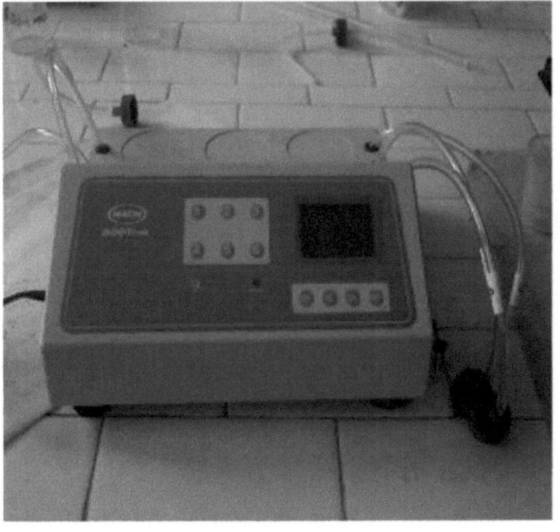

BOD TRACK SYSTEM (HACH)

COLORÍMETRO (HACH)

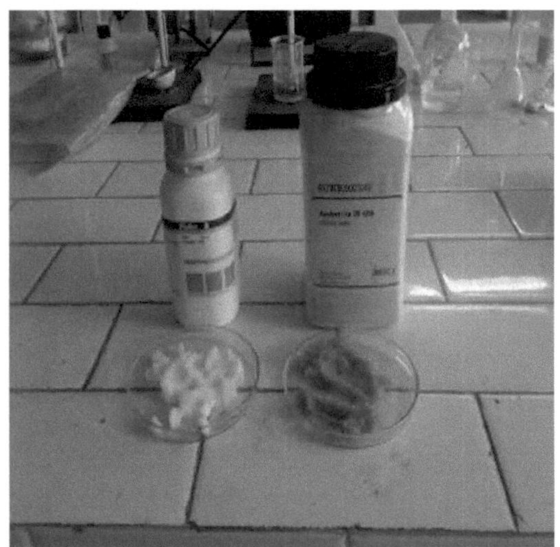

CHELEX 100 E AMBERLITE IR-120

SCB-JOC-MCC EM PÓ

AGITADOR MECÂNICO (ORBITEK)

AGITAÇÃO NO AGITADOR MECÂNICO (ORBITEK)

ESPECTROFOTÓMETRO UV-VIS DE DUPLA DISPOSIÇÃO

MEDIDOR SELECTIVO DE IÕES (THERMO-ORION-920A)

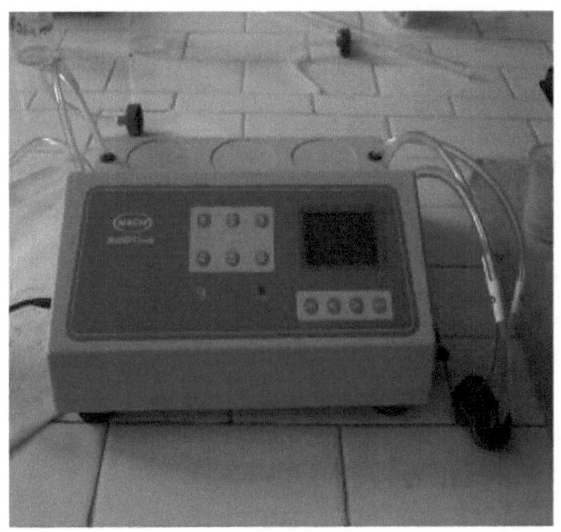

BOD TRACK SYSTEM (HACH)

COLORÍMETRO (HACH)

3.2 MÉTODOS

3.2.1 PREPARAÇÃO DE RESÍDUOS AGRÍCOLAS

Os resíduos agrícolas foram utilizados como biossorventes na sua forma natural e na sua forma modificada. O bagaço de cana-de-açúcar utilizado como biossorvente no estudo foi recolhido numa fábrica de açúcar situada em Punjab (Índia). O bagaço recolhido foi seco ao sol e a medula foi separada manualmente. Em seguida, foi fervido com água destilada durante 30 minutos para o libertar dos açúcares solúveis presentes. O material assim obtido foi seco a 120^0C numa estufa de ar quente durante 24 h e, em seguida, o material foi moído e peneirado através de peneiras de 150 MICS. Milho As espigas de milho foram recolhidas nos campos agrícolas de uma aldeia próxima. As espigas de milho foram fervidas com água destilada durante 30 minutos, secas a 120^0C numa estufa de ar quente durante 24 h, moídas e peneiradas (150 MICS). O bagaço de óleo de pinhão-manso foi recolhido de uma indústria de transformação de pinhão-manso, seco a 120^0C em estufa de ar quente durante 24 h, moído e peneirado (150 MICS).

Para a preparação do bagaço de cana-de-açúcar modificado, o bagaço cru foi fervido com água destilada durante 30 minutos, a fim de remover os açúcares solúveis presentes, e depois seco a 120^0C numa estufa de ar quente durante 24 horas e moído. O bagaço de cana-de-açúcar moído foi então tratado com ácido succínico 0,1M e ácido cítrico (Merck) durante uma noite para libertar alguns sítios extra no bagaço de cana-de-açúcar. O bagaço de cana-de-açúcar libertado foi lavado 2-3 vezes com água bidestilada, seco a 120^0C numa estufa de ar quente durante 24 h e finalmente peneirado.

3.2.2 CARACTERIZAÇÃO DE RESÍDUOS AGRÍCOLAS

I. Composição química dos biossorventes

Os biossorventes selecionados foram analisados quanto à composição química por métodos padrão e foi determinada a percentagem de lenhina, fibra, proteína bruta, celulose, proteína, proteína gorda bruta. (Tabela: 4.1)

II. Microscopia eletrónica de varrimento (SEM)

O MEV permite a observação direta das microestruturas da superfície de diferentes adsorventes. As amostras secas foram montadas em suportes e revestidas com paládio dourado com uma espessura de 100-150^{0}A e depois transferidas para a câmara de amostras do microscópio JEOL modelo JSM-840 da JEOL Techniques LTD, Japão. Este foi operado a 15 KV e densidade de corrente de 15 Pico amperes. As amostras foram analisadas no RSIC, Chandigarh.

III. Espectroscopia de infravermelhos com transformada de Fourier (FTIR)

A espetroscopia FTIR foi utilizada para prever os grupos funcionais presentes no biossorvente agrícola e também para compreender o mecanismo envolvido na biossorção de iões metálicos em resíduos agrícolas. Para registar o FT-IR, a amostra seca (110^{0}C) foi misturada com KBr e prensada durante ½ a 1 minuto num molde a Ca 10 ton/cm^2, obtendo-se uma pastilha transparente de 13 a 20 mm de diâmetro e Ca 0,1 mm de espessura. Os espectros foram obtidos pelo sistema Perkin-Elmer-RX 1FT-IR na gama 400-4000cm^{-1} utilizando uma janela KBr. As amostras foram analisadas no RSIC, Chandigarh.

3.2.3 CARACTERIZAÇÃO DOS EFLUENTES

Foi realizada a caraterização das amostras recolhidas de efluentes para vários parâmetros, ou seja, pH, turbidez, teor de iões metálicos, CQO, CBO, turbidez e teor de cloreto, etc. (APHA, 1998).

O CBO é o oxigénio necessário para a degradação bioquímica da matéria orgânica. A análise foi efectuada pelo sistema BOD Track (HACH). Os sólidos totais (TS), os sólidos totais dissolvidos (TDS) e os sólidos totais em suspensão (TSS) foram determinados utilizando métodos normalizados (Standard Methods, 1998). A concentração de iões cloreto foi medida para diferentes soluções utilizando o método argenométrico padrão (Standard Methods, 1998). A análise da CQO foi efectuada com o medidor de CQO Thermo Orion Aqua Fast II AQ 2040. A solução de teste (2 ml) foi pipetada para uma quantidade padrão de mistura oxidante de dicromato de potássio e digerida a 150°C durante duas horas. Em seguida, a solução colorida foi medida quanto à CQO em relação a um branco de água (APHA, 1998).

3.2.4 DETERMINAÇÃO DO TEOR DE IÕES METÁLICOS EM SOLUÇÕES SIMULADAS E EFLUENTES REAIS

A concentração de crómio hexavalente, níquel, zinco e cádmio foi determinada com um espetrofotómetro UV-vis (Double Array UV-vis Spectrophotometer, Agilent 8453), um electrodetómetro seletivo de iões (Thermo Orion 920A) e um espetrofotómetro de absorção atómica. Para ajustar o pH das soluções, foi utilizado um medidor de pH (Thermo Orion 420A). A condutividade foi medida por um medidor de condutividade (modelo 191E, Electronics India).

3.2.5 EXPERIÊNCIAS DE ADSORÇÃO EM LOTE

A biossorção de iões Cr (VI), Ni (II), Zn (II) e Cd (II) nos adsorventes viz. bagaço de cana de açúcar (SCB), bagaço de óleo de pinhão-manso (JOC), sabugo de milho (MCC) e resinas viz. Amberlite IR-120 e Chelex 100 foi investigada através de experiências de adsorção em lote. As soluções contendo iões metálicos foram preparadas a partir de produtos químicos de qualidade analítica. As soluções de reserva de (1000mg/l) de Cr (VI), Ni (II), Zn (II) e Cd (II) foram obtidas dissolvendo os respectivos sais em água bidestilada. Foram estudados os efeitos do pH do meio, da concentração inicial de iões metálicos, da velocidade de agitação e da dose de adsorção na taxa de adsorção e na capacidade de adsorção. O efeito do pH na taxa de adsorção foi investigado na gama de pH 2,0-8,0, que foi obtida utilizando NaOH ou HCl.

As experiências em lote foram efectuadas com 100 ml de solução de metal (50ppm). Após o ajuste do pH, foi adicionada a quantidade necessária de adsorvente e a solução foi agitada num agitador mecânico durante uma hora. Após uma hora, o adsorvente foi separado por filtração e analisado quanto à concentração de metais. A concentração de crómio (VI) e de níquel (II) foi determinada espectrofotometricamente pelo método de 1,5 difenilcarbazida (540 nm) e dimetilglioxima (470 nm), respetivamente. A concentração de cádmio (II) foi determinada utilizando o medidor seletivo de iões, enquanto que para a concentração de zinco (II) foi utilizado o espetrofotómetro de absorção atómica (APHA, 1998). As experiências foram repetidas três vezes para todas as soluções de iões metálicos e foi calculada a média dos resultados. Os resultados foram apresentados em termos de percentagem de remoção (%) e de capacidade de adsorção.

A percentagem de remoção (R %) dos iões metálicos foi calculada para cada ensaio através da seguinte expressão

$$R\% = \frac{C_i - C_o}{C_i} \times 100 \qquad 3.1$$

A capacidade de adsorção de um adsorvente, que é obtida a partir do balanço de massa no sorbato num sistema com volume de solução V, é frequentemente utilizada para obter as isotérmicas de adsorção experimentais. Nas condições experimentais, as capacidades de adsorção de todos os adsorventes para cada concentração de iões metálicos no equilíbrio foram calculadas utilizando a equação

$$q_e(mg/g) = \left(\frac{(C_i - C_e}{M}\right) xV \qquad 3.2$$

Onde C_i e C_e são as concentrações inicial e final de iões metálicos na solução, respetivamente. V é o volume da solução e M é a massa de adsorvente (em g) utilizada.

3.2.6 ESTUDOS DE EQUILÍBRIO

A previsão da taxa de adsorção de um determinado sistema é provavelmente o fator mais importante na conceção de sistemas de adsorção, sendo o tempo de permanência do adsorvato e as dimensões do reator controlados pela cinética do sistema. Numerosos modelos cinéticos descreveram a ordem de reação dos sistemas de adsorção com base na concentração da solução. Estes modelos incluem os reversíveis de primeira e segunda ordem, os irreversíveis de primeira e segunda ordem, os de pseudo-primeira ordem e os de pseudo-segunda ordem. As isotérmicas de sorção representam a relação entre a quantidade adsorvida por uma unidade de peso de sorvente sólido e a quantidade de soluto que permanece na solução em equilíbrio. Os modelos de isoterma de Langmuir e Freundlich foram considerados adequados para descrever a adsorção de iões metálicos a curto prazo e monocomponente por diferentes biossorventes. Estas isotérmicas apresentam a quantidade de equilíbrio de metal removido (x/m) em função da concentração de equilíbrio C_e dos iões metálicos na solução, correspondendo à distribuição de equilíbrio dos iões entre as fases aquosa e sólida à medida que a concentração inicial aumenta. Para medir cada isotérmica, as concentrações iniciais de iões metálicos foram variadas enquanto o peso do adsorvente foi mantido constante em cada amostra.

A isotérmica de adsorção de Freundlich representa a relação entre a quantidade de metal adsorvido por unidade de massa do adsorvente (x/m) e a concentração do ião metálico em solução no equilíbrio (C_e)

$$\frac{x}{m} = k_f C_e^{\frac{1}{n}} \qquad 3.3$$

Onde x é a quantidade de metal removido (mg); m é a quantidade de adsorvente (g); Ce a concentração de equilíbrio (mg/l) e kf e n são as constantes que representam a capacidade de adsorção e a extensão da adsorção, respetivamente. A forma logarítmica da equação é a seguinte

$$\log\left(\frac{x}{m}\right) = \log k_f + \frac{1}{n}\log C_e \qquad 3.4$$

O gráfico de log(x/m) versus log C_e para várias concentrações iniciais foi considerado linear.

A isotérmica de Langmuir é válida para a adsorção de uma monocamada numa superfície que contém um número finito de locais idênticos. O modelo assume energias uniformes de adsorção na superfície e nenhuma transmigração do adsorbato no plano da superfície. A isotérmica de Langmuir é representada pela seguinte equação.

$$\frac{C_e}{\left(x/m\right)} = \frac{1}{k_b} + \frac{C_e}{b} \qquad 3.5$$

Em que C_e é a concentração de equilíbrio (mg/L), x/m é a quantidade adsorvida no tempo de equilíbrio (mg/g) e kb e b são as constantes de Langmuir relacionadas com a capacidade de adsorção e a energia de adsorção, respetivamente.

3.2.7 ESTUDOS DE DIFUSÃO

A transferência de massa desempenha um papel importante no sequestro de metais pesados de uma solução aquosa através do processo de sorção nos materiais sólidos. No presente estudo, a transferência de massa foi estudada de acordo com o modelo sugerido por Mckay et al, em 1981, assumindo que a resistência à difusão no interior da partícula é negligenciável.

$$\ln\left(\frac{C_t}{C_0} - \frac{1}{1+mk}\right) = \ln\frac{mk}{1+mk} - \frac{1+mk}{mk}.\beta_L.S_s.t \tag{3.6}$$

Em que Ct e C0 (ambos em mgg^{-1}) são as concentrações respectivas de iões metálicos em qualquer momento t e t = 0; k ($1\ g^{-1}$) é o produto de kb e b e é conhecido como a constante de Langmuir. O valor de k (por unidade de grama) na equação foi calculado utilizando a equação.

$$k = k_b\, b \tag{3.7}$$

O coeficiente de transferência de massa βL foi calculado multiplicando o declive e a interceção do gráfico. O coeficiente de transferência de massa βL foi calculado multiplicando o declive e a interceção do gráfico. m ($g\ l^{-1)}$ é a massa das partículas de adsorvente por unidade de volume e Ss ($cm^{-1)}$ é a área exterior do adsorvente por unidade de volume.

A massa de m e Ss foi calculada utilizando as seguintes equações.

$$m = \frac{W}{V} \tag{3.8}$$

e

$$S_s = \frac{6m}{d_p \rho_p (1-\varepsilon_p)} \tag{3.9}$$

Onde W (g) é o peso do adsorvente, V (l) é o volume da solução livre de partículas; d_p (cm) é o diâmetro da partícula, $\boldsymbol{p_p}$ é a densidade do adsorvente e ε_p é a porosidade das partículas.

3.2.8 PARÂMETROS DO PROCESSO DE ADSORÇÃO

A fim de identificar os parâmetros do processo que afectam a eficácia do processo, foi construído um diagrama de Ishikawa de causa e efeito, como mostra a figura. 3.2.1 Os parâmetros podem ser classificados da seguinte forma:

1. Parâmetros operacionais: pH, temperatura, dose de adsorvente e velocidade de agitação.
2. Parâmetros do adsorvente: Tipo de adsorvente e natureza do adsorvente
3. Parâmetros do ião metálico: Tipo de ião metálico, concentração do ião metálico.

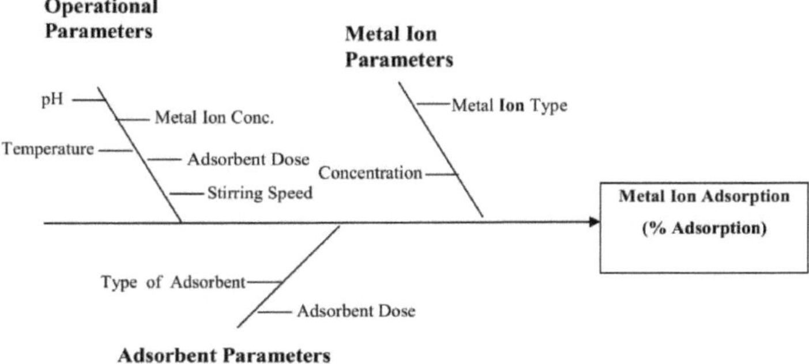

Fig: 3.2.1: Diagrama de causa e efeito

3.3 OPTIMIZAÇÃO DOS PARÂMETROS DO PROCESSO DE ADSORÇÃO

A otimização dos parâmetros do processo de adsorção de iões de metais pesados foi efectuada utilizando os métodos de Taguchi e de superfície de resposta. O desenho das experiências foi efectuado com os programas MINITAB e STATEASE.

A partir dos resultados das experiências preliminares, a gama de parâmetros foi selecionada para o estudo da interação entre estes parâmetros e o efeito líquido na eficiência da adsorção.

3.3.1 CONCEPÇÃO DE EXPERIÊNCIAS (MÉTODO TAGUCHI)

Este método é uma aplicação sistemática da conceção e análise de experiências. Através deste método, os parâmetros que afectam as experiências podem ser investigados como controladores e não controladores (factores de ruído). Em segundo lugar, este método pode ser utilizado para investigar os parâmetros em mais de dois níveis.

A utilização da conceção de parâmetros no método de Taguchi para otimizar um processo com múltiplas caraterísticas de desempenho inclui as seguintes etapas (a) identificar as caraterísticas de desempenho e selecionar os parâmetros do processo a avaliar (b) determinar o número de níveis de parâmetros para o processo e a possível interação entre os parâmetros do processo (c) selecionar a matriz ortogonal adequada (OA) e atribuir os parâmetros do processo à matriz ortogonal (d) realizar as experiências com base na disposição da matriz ortogonal (e) calcular as caraterísticas de desempenho e ANOVA (g) selecionar os níveis óptimos dos parâmetros do processo e (h) verificar o processo ótimo através da experiência de confirmação. Este estudo de otimização foi utilizado para otimizar a eficiência da remoção de Cr (VI) de uma solução aquosa através de bagaço de cana de açúcar modificado. Os parâmetros de adsorção para a presente investigação, juntamente com os respectivos níveis, são apresentados na Tabela 3.3.1.

Para determinar o plano experimental, foi selecionado o desenho experimental baseado numa matriz ortogonal OA padrão (5^3). Foram selecionados três parâmetros do processo (pH, velocidade de agitação e concentração de adsorvente), cada um com cinco níveis (2 5 7 9 10; 50, 100,150, 200 e 250rpm; 250,500, 1000, 1500 e 2000mg/100ml, respetivamente). A fim de observar os efeitos das fontes de ruído no processo de adsorção (factores incontroláveis), cada experiência foi realizada em duplicado.

Os parâmetros que afectam o processo de adsorção, juntamente com os seus níveis de remoção de iões metálicos por vários biossorventes e resinas, são apresentados a seguir.

Tabela: 3.3.1: Os parâmetros que afectam o processo de adsorção juntamente com os seus níveis

Factores	Tipo	Níveis	Valores				
pH	Aleatório	5	2	5	7	9	10
Velocidade de agitação (rpm)	Aleatório	5	50	100	150	200	250
Concentração (mg)	Aleatório	5	250	500	1000	1500	2000

A análise da medida de desempenho, que reflecte a variação da resposta de cada configuração, foi escolhida como critério de otimização, fixando esse fator nos seus níveis óptimos. As caraterísticas de desempenho foram escolhidas como critério de otimização e foram avaliadas através da seguinte equação

$$S/N\ Ratio = -\log_{10}\{1/n\sum i/y^2\} \qquad 3.10$$

para as n observações, y em cada ensaio. No método de Taguchi, a experiência correspondente às condições óptimas de trabalho pode não ter sido realizada durante todo o período da fase experimental. Nesses casos, o desempenho pode ser previsto utilizando a caraterística equilibrada do OA. Para o efeito, pode ser utilizado o modelo aditivo.

$$Y_i = \mu + X_i + e_i \qquad 3.11$$

Em que μ é a média global do valor de desempenho, Xi é o efeito fixo da combinação de níveis de parâmetros utilizada na i.ª experiência e ei é o erro aleatório na i.ª experiência. Dado que a equação acima é uma estimativa pontual, calculada através da utilização de dados experimentais, para determinar se os resultados das experiências de confirmação são significativos ou não, é necessário avaliar o intervalo de confiança. O intervalo de confiança ao nível de erro escolhido pode ser calculado pela seguinte equação

$$Y_i +/- \sqrt{\{F_{\alpha;1,\ DFMSC}\ MS_e\ (1+m/N + 1/n_i)\}} \qquad 3.12$$

Em que F é o valor da tabela F, α, o nível de erro, DF_{MSe}, o grau de liberdade do erro quadrático médio, m os graus de liberdade utilizados na previsão de Y_i, N, o πnúmero total de experiências, e n_i o número de repetições na experiência de confirmação.

3.3.2 METODOLOGIA DE SUPERFÍCIE DE RESPOSTA

A Metodologia de Superfície de Resposta (RSM) é um conjunto de técnicas matemáticas e estatísticas que são úteis para a modelação e análise de problemas em que uma resposta de interesse é influenciada por diversas variáveis e o objetivo é otimizar essa resposta (Cochran e Cox, 1962 e Montgomery, 1997). Trata-se de uma estratégia de experimentação sequencial para a construção e otimização de modelos empíricos. Através da realização de experiências e da aplicação da análise de regressão, pode obter-se um modelo da resposta a algumas variáveis de entrada independentes. Com base no modelo da resposta, pode então ser deduzido um ponto quase ótimo. A RSM é frequentemente aplicada na caraterização e otimização de processos. Na RSM, é possível representar parâmetros de processo independentes de forma quantitativa como:

$$Y = f(X_1, X_2, X_3, ...X_n) \pm \varepsilon \tag{3.13}$$

em que Y é a resposta (rendimento), f é a função de resposta, ε é o erro experimental, e X_1, X_2, X_3,...... X_n são parâmetros independentes.

Ao traçar a resposta esperada de Y, obtém-se uma superfície, conhecida como superfície de resposta. A forma de f é desconhecida e pode ser muito complicada. Assim, a RSM tem por objetivo aproximar f *por* um polinómio adequado de ordem inferior numa determinada região das variáveis independentes do processo. Se a resposta puder ser bem modelada por uma função linear das variáveis independentes, a função pode ser escrita como:

$$Y = C_0 + C_1X_1 + C_2X_2 + ... + C_nX_n \pm \varepsilon \tag{3.14}$$

No entanto, se aparecer uma curvatura no sistema, pode ser utilizado um polinómio de ordem superior, como o modelo quadrático.

$$Y = C_0 + \sum_{i=1}^{n} C_i X_n + \sum_{i=1}^{n} d_i X_i^2 \pm \varepsilon \tag{3.15}$$

O objetivo da utilização da RSM não é apenas investigar a resposta em todo o espaço de factores, mas também localizar a região de interesse onde a resposta atinge o seu valor ótimo ou quase ótimo. Estudando cuidadosamente o modelo de superfície de resposta, é possível estabelecer a combinação de factores que dá a melhor resposta.

O método da superfície de resposta é um processo sequencial e o seu procedimento pode ser resumido como se mostra na figura 3.3.1

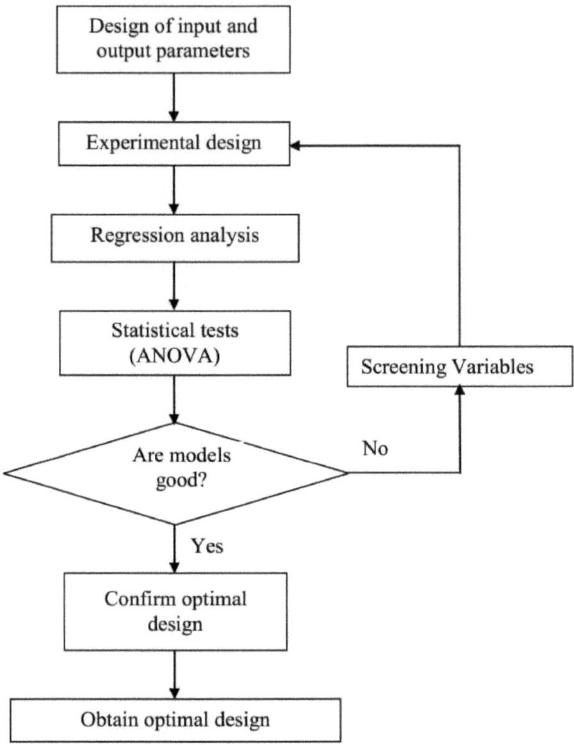

Fig: 3.3.1 Procedimento da metodologia de superfície de resposta

Capítulo - 4 RESULTADOS E DISCUSSÃO

Este capítulo trata da remediação de metais pesados em soluções aquosas e efluentes industriais utilizando resíduos agrícolas como biossorventes e permutadores de iões. Os resíduos agrícolas, nomeadamente o bagaço de cana-de-açúcar (SCB), a espiga de milho (MCC) e o bagaço de óleo de Jatropha (JOC), foram utilizados para a remoção de iões de metais pesados como o crómio, o níquel, o zinco e o cádmio. A eficiência de remoção e a capacidade de adsorção dos resíduos agrícolas foram estudadas e os parâmetros que afectam o processo, tais como a dose de adsorvente, a concentração de iões metálicos, a velocidade de agitação, o tempo de contacto e o pH, foram avaliados. Os permutadores de iões, como o Chelex 100 e o Amberlite IR-120 Na^+, também são utilizados para sequestrar estes iões de metais pesados de soluções simuladas. A cinética de adsorção foi estudada utilizando as isotérmicas de Langmuir e Freundlich. A otimização dos parâmetros do processo é efectuada utilizando a metodologia de Taguchi e a metodologia de superfície de resposta. Este capítulo foi subdividido nas cinco partes seguintes.

4.1 RESÍDUOS AGRÍCOLAS COMO BIOSSORVENTE

4.2 BIOSSORÇÃO DE CRÓMIO POR RESÍDUOS AGRÍCOLAS

4.3 BIOSSORÇÃO DE NÍQUEL POR RESÍDUOS AGRÍCOLAS

4.4 BIOSSORÇÃO DE ZINCO POR RESÍDUOS AGRÍCOLAS

4.5 BIOSSORÇÃO DE CÁDMIO POR RESÍDUOS AGRÍCOLAS

4.6 PERMUTADORES DE IÕES PARA A SEQUESTRAÇÃO DE METAIS PESADOS

4.1 RESÍDUOS AGRÍCOLAS COMO BIOSSORVENTE

Os resíduos agrícolas estão a ser investigados como uma alternativa para remover estes poluentes da água sem grandes investimentos de capital e produção de resíduos tóxicos. Estes resíduos são abundantes, sustentáveis e renováveis, têm uma capacidade de sorção natural (Laszlo e Dintzis, 1994) e, em comparação com outros métodos convencionais, são pouco dispendiosos. Os resíduos agrícolas residuais são produzidos durante a colheita e o processamento de culturas alimentares e industriais e, por vezes, causam problemas de eliminação dispendiosos. Se estes resíduos forem utilizados como adsorventes de metais, é possível eliminar um possível problema de poluição ou de eliminação causado por estes resíduos e aumentar o valor de uma cultura para o agricultor ou o transformador. Para este tipo de utilização, os resíduos agrícolas podem ser considerados recursos alternativos para o desenvolvimento comercial, em vez de problemas ambientais. As fibras naturais podem ser utilizadas como substitutos dos materiais sintéticos convencionais, o que também resulta na eliminação de um possível problema de poluição ou eliminação causado por estes resíduos (Lehrfeld 1996).

Os subprodutos agrícolas são normalmente compostos por lenhina e celulose como constituintes principais e podem também incluir outros grupos funcionais polares da lenhina, que incluem álcoois, aldeídos, cetonas, grupos carboxílicos, fenólicos e éteres. Estes grupos têm a capacidade, em certa medida, de ligar metais pesados através da doação de um par de electrões destes grupos para formar complexos com os iões metálicos em solução.

Os materiais agrícolas, em especial os que contêm celulose, apresentam uma potencial capacidade de biossorção de metais . Outros componentes são a hemicelulose, os extractivos, os lípidos, as proteínas, os açúcares simples, os amidos, a água, os hidrocarbonetos, as cinzas e muitos outros compostos que contêm uma variedade de grupos funcionais presentes no processo de ligação. Os recursos lenho-celulósicos também contêm compostos polifenólicos, como taninos e lenhinas, que se acredita serem os locais activos para a ligação de catiões de metais pesados. Estes recursos, uma vez utilizados para a remoção de metais pesados, podem ser regenerados por

eluindo os iões metálicos utilizando diferentes ácidos diluídos para obter sais metálicos solúveis, e pode ser utilizado repetidamente mais de 10 vezes na adsorção de iões metálicos (Shukla e Sakhardande 1992).

O teor de celulose da madeira varia consoante as espécies, na ordem dos 40-50 %. Alguns materiais agrícolas têm mais celulose do que a madeira. A celulose é um polímero orgânico puro notável, constituído apenas por unidades de anidroglocose unidas numa molécula gigante de cadeia reta (Demirbas, 2000). Estas unidades de anidroglucose estão ligadas entre si por ligações β-(1,4)-glicosídicas. A celobiose é a unidade de repetição das cadeias de celulose devido a esta ligação (Fig. 4.1).

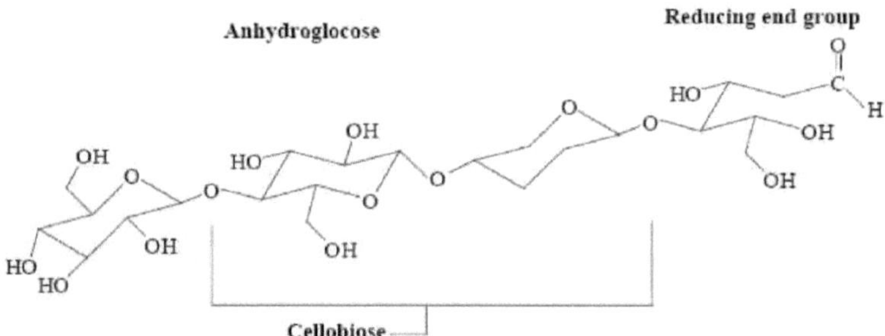

Fig: 4.1 Estrutura da celulose

Através da formação de ligações de hidrogénio intramoleculares e intermoleculares entre grupos OH dentro da mesma cadeia de celulose e as cadeias de celulose circundantes, as cadeias tendem a ser dispostas paralelamente e a formar uma estrutura supermolecular cristalina. Em seguida, os feixes de cadeias lineares de celulose (na direção longitudinal) formam uma microfibrila que está orientada na estrutura da parede celular (Hashem, et.al., 2007). A celulose é insolúvel na maioria dos solventes e tem uma baixa acessibilidade à hidrólise ácida e enzimática.

As hemiceluloses são constituídas por diferentes unidades de monossacáridos. As hemiceluloses são parcialmente solúveis ou incháveis em água devido à sua morfologia amorfa. As hemiceluloses (arabinoglicuronoxilano e galactoglucomamíferos) estão relacionadas com as gomas vegetais na sua composição e ocorrem em cadeias de moléculas muito mais curtas do que a celulose. As hemiceluloses, que estão presentes nas madeiras de folha caduca principalmente como pentosanos e nas madeiras de coníferas quase inteiramente como hexosanos, sofrem decomposição térmica muito rapidamente. As hemiceluloses são derivadas principalmente de cadeias de açúcares pentose e actuam como material de cimento que mantém unidas as micelas de celulose e a fibra (Theander, 1985). A espinha dorsal das cadeias de hemiceluloses pode ser um homopolímero (geralmente constituído por uma única unidade repetida de açúcar) ou um heteropolímero (mistura de diferentes açúcares). Entre os açúcares mais importantes da componente hemicelulose encontra-se a xilose (Fig. 4.1.2).

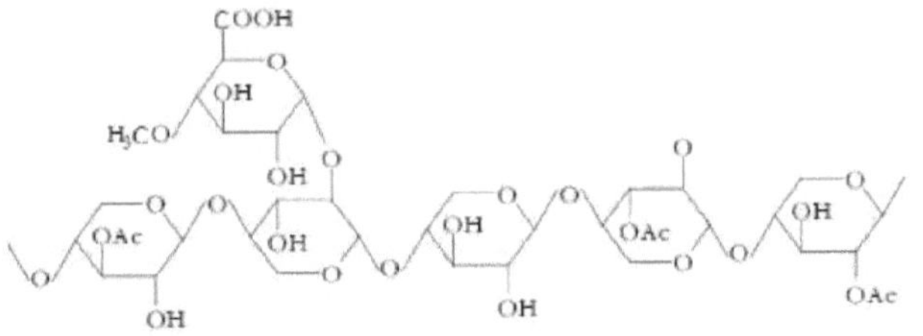

Fig: 4.1.2: Estrutura das hemiceluloses

Na xilana de folhosas, a cadeia da espinha dorsal consiste em unidades de xilose ligadas por ligações β-(1, 4)-glicosídicas e ramificadas por ligações α-(1, 2)-glicosídicas com grupos de ácido 4-O-metilglucurónico (Hashem, et.al., 2007). Além disso, os grupos O-acetilo substituem por vezes os grupos OH nas posições c2 e C3. As hemiceluloses são largamente solúveis em álcali e, como tal, são mais facilmente hidrolisadas (Timell, 1967; Wenzl, et.al., 1970; Goldstein, 1980)

As lenhinas são polímeros de compostos aromáticos. As suas funções são a resistência estrutural, a vedação do sistema de condução de água que liga as raízes às folhas e a proteção das plantas contra a degradação (Glasser, et. al, 1989). A lenhina é uma macromolécula, que consiste em alquilfenóis e tem uma estrutura tridimensional complexa.

A lenhina é um polímero natural que, juntamente com as hemiceluloses, actua como agente de cimentação da matriz das fibras de celulose nas estruturas lenhosas das plantas. A maioria das aplicações de lenhina baseia-se em lenhinas técnicas, ou seja, lignossulfonatos e lenhina kraft, que são separados durante os processos de polpação, e na hidrólise da lenhina, que é obtida durante a hidrólise ácida da madeira. As unidades químicas básicas de fenilpropano da lenhina (principalmente siringilo, guaiacilo e p-hidroxifenol), como se mostra na figura 4.1.3, estão ligadas entre si por um conjunto de ligações, formando uma matriz muito complexa.

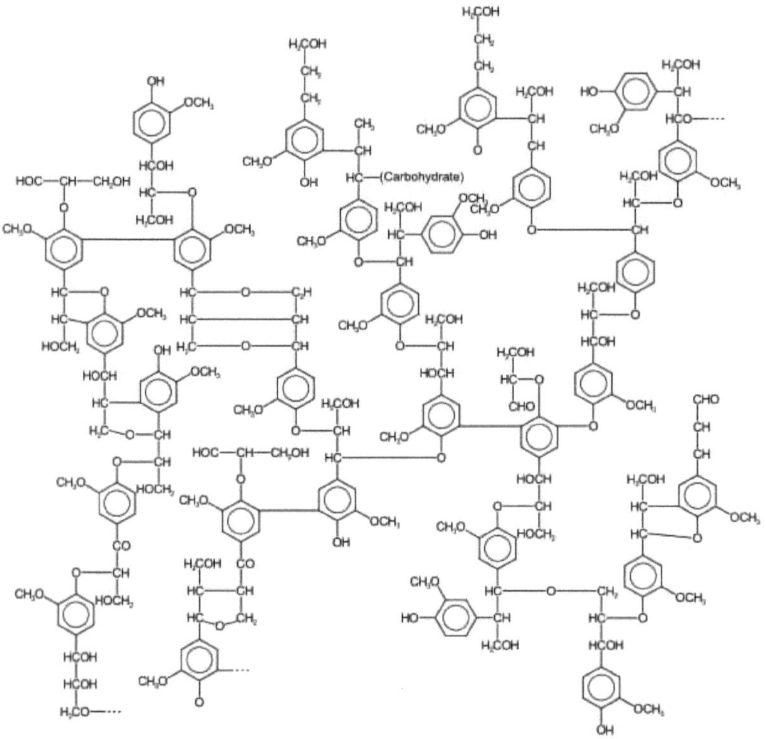

Fig: 4.1.3: Estrutura da Lignina

Esta matriz inclui uma variedade de grupos funcionais, tais como hidroxilo, metoxilo e carbonilo, que conferem uma elevada polaridade à macromolécula de lenhina (Hashem, et.al., 2007; Demirbas, 1993). As estruturas da celulose e da lenhina foram amplamente investigadas em estudos anteriores (Sjotrom, 1981; Young, 1986; Hergert et.al., 1992; McDonald, et.al., 1992; Mantanis, et.al., 1995; Garcia-Valls, et.al., 2003)

Os extractivos vegetais são compostos solúveis em solventes orgânicos e em água. Os extractivos solúveis em solventes orgânicos incluem os componentes da resina de madeira macia, como os ácidos resínicos, as gorduras e os terpenos, e uma variedade de compostos fenólicos, como os flavonóides, os lignanos e os estilbenos. Os extractivos solúveis em água incluem hidratos de carbono, taninos e sais inorgânicos. Os taninos, que são compostos polifenólicos, podem fornecer os sítios activos para a fixação de catiões de metais pesados (Verma et al. 1990; Randall et al. 1974). Um elevado teor de polifenóis ou a presença de determinados polifenóis está associado à resistência da madeira a doenças e a uma maior durabilidade (Sjostrom 1981; Fengel e Wegener 1984). A cor caraterística da madeira é causada pela deposição de extractivos. Os extractivos da madeira reduzem a permeabilidade dos solventes e da água (Panshin e Zeeuw 1970).

4.1.2 MECANISMO DE BIOSSORÇÃO

A remoção de iões metálicos de correntes aquosas utilizando materiais agrícolas baseia-se na biossorção de metais (Volesky e Holan, 1995). O processo de biossorção envolve uma fase sólida (adsorvente) e uma fase líquida (solvente) contendo uma espécie dissolvida a ser adsorvida. Devido à elevada afinidade do adsorvente para as espécies de iões metálicos, estas são atraídas e ligadas por um processo bastante complexo, afetado por vários mecanismos que envolvem a quimisorção, a complexação, a adsorção na superfície e nos poros, a troca iónica, a quelação, a adsorção por forças físicas, o aprisionamento em capilares inter e intrafibrilares e em espaços da rede estrutural de polissacáridos em resultado do gradiente de concentração e da difusão através da parede e da membrana celulares (Basso et al., 2002; Sarkanen e Ludwig, 1971; Qaiser et al., 2007). (Fig-4.1.4)

Os grupos funcionais presentes nas moléculas de biomassa são geralmente grupos acetamido, carbonilo, fenólicos, polissacáridos estruturais, amido, amino, grupos carboxilo sulfidrilo, álcoois e ésteres (Beveridge e Murray, 1980; Gupta et al., 2000). Estes grupos têm afinidade para a complexação de metais. Alguns biossorventes não são selectivos e ligam-se a uma vasta gama de metais pesados sem prioridade específica, enquanto outros são específicos para certos tipos de metais, dependendo da sua composição química. A presença de vários grupos funcionais e a sua complexação com metais pesados durante o processo de biossorção foi registada por diferentes investigadores utilizando técnicas espectroscópicas (Ahluwalia e Goyal, 2005; Garg et al., 2007; Tarley e Arruda, 2004) (Fig. 4.1.4).

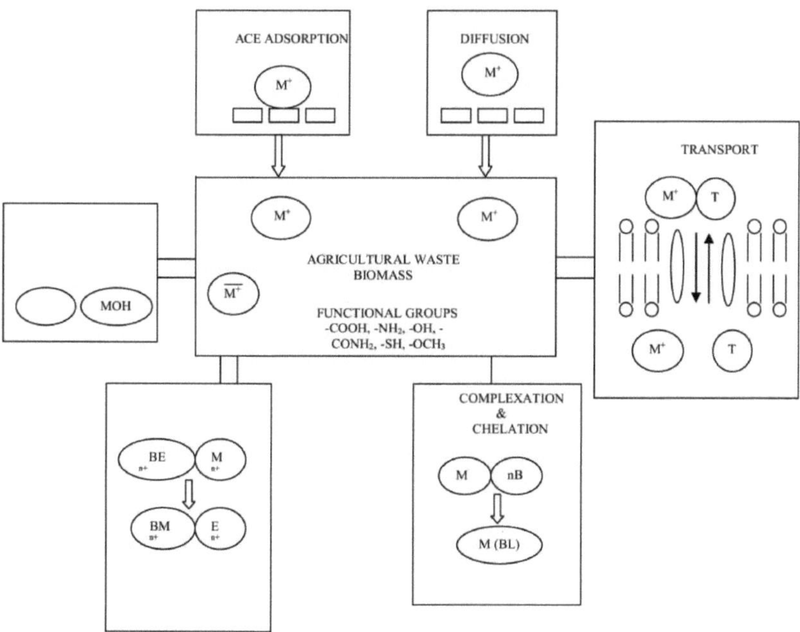

Fig: 4.1.4: Mecanismo de biossorção

4.1.3 CARACTERIZAÇÃO DE RESÍDUOS AGRÍCOLAS

Os resíduos agrícolas, nomeadamente o bagaço de cana-de-açúcar, o bagaço de óleo de Jatropha e a espiga de milho, foram selecionados para a presente investigação. A composição química destes resíduos agrícolas, nomeadamente a proteína bruta, o teor de fibra, a celulose, a lenhina, etc., foi calculada através dos métodos normalizados referidos anteriormente e os resultados são apresentados no Quadro 4.1.1.

O teor de fibra da espiga de milho é máximo, ou seja, 40%. O bagaço de cana-de-açúcar tem o maior teor de celulose (38%) e o bagaço de óleo de Jatropha contém o maior teor de proteínas.

A espetroscopia FTIR foi utilizada para prever os grupos funcionais presentes no biossorvente agrícola e também para compreender o mecanismo envolvido na biossorção de iões metálicos em resíduos agrícolas. Os espectros FT-IR do bagaço de cana-de-açúcar, da espiga de milho e do bagaço de óleo de Jatropha foram analisados para determinar as alterações de frequência vibracional nos grupos funcionais dos adsorventes. Os espectros dos adsorventes foram medidos no intervalo de 400-4000 cm-1 de número de onda. Os espectros foram representados utilizando a mesma escala no eixo da transmitância para todos os adsorventes antes e depois da adsorção. Os espectros FT-IR dos adsorventes apresentam uma série de picos de absorção, indicando a natureza complexa dos adsorventes estudados. A Tabela 4.1.2 apresenta os picos fundamentais dos adsorventes utilizados no estudo. Os espectros apresentam uma série de picos de absorção, o que indica a natureza complexa dos adsorventes examinados. No bagaço de cana-de-açúcar, o pico de absorção em torno de 3407,9 cm^{-1} indica a existência de grupos hidroxilo livres e ligados intermolecularmente. Os picos observados a 2922,1 cm^{-1} podem ser atribuídos à vibração de estiramento do grupo C-H. Os picos em torno de 1620 cm^{-1} correspondem ao estiramento C=C que pode ser atribuído aos grupos aromáticos da lenhina. A forte banda C-O a 1058,2 cm^{1}, devida ao grupo -OCH3, também confirma a presença da estrutura da lenhina no bagaço de cana-de-açúcar (Fig.4.1.5). O pico adicional a 609 cm^{1} pode ser atribuído a modos de flexão de compostos aromáticos. No bagaço de óleo de Jatropha, a banda de adsorção larga é observada a 3307 cm^{1}, o que pode ser atribuído aos grupos -OH ligados presentes na estrutura. Os outros picos proeminentes são devidos ao grupo $-OCH_3$ e a compostos aromáticos (Fig. 4.1.6). No caso da espiga de milho, o pico principal situa-se a 3403,9, o que indica o envolvimento de grupos -OH no processo de adsorção (Fig. 4.1.7).

Foram tiradas micrografias electrónicas de varrimento (SEM) para verificar as formas dos poros e do lúmen dos resíduos agrícolas selecionados (Fig. 4.1.8, 4.1.9 e 4.1.10)

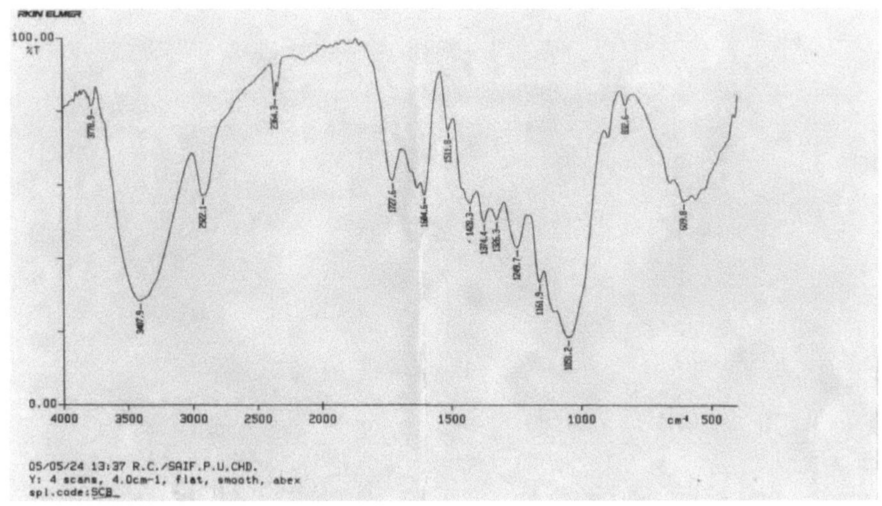

FIG: 4.1.5: ESPECTROS FT-IR DO BAGAÇO DE CANA-DE-AÇÚCAR

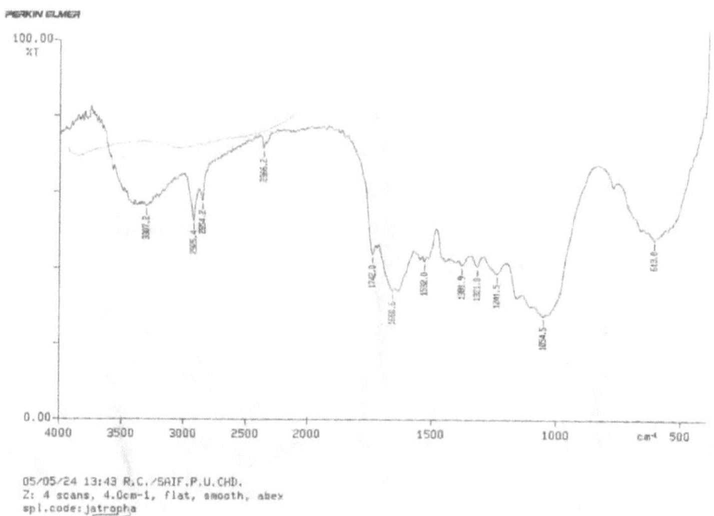

FIG: 4.1.6: ESPECTROS FT-IR DO BAGAÇO DE ÓLEO DE PINHÃO-MANSO

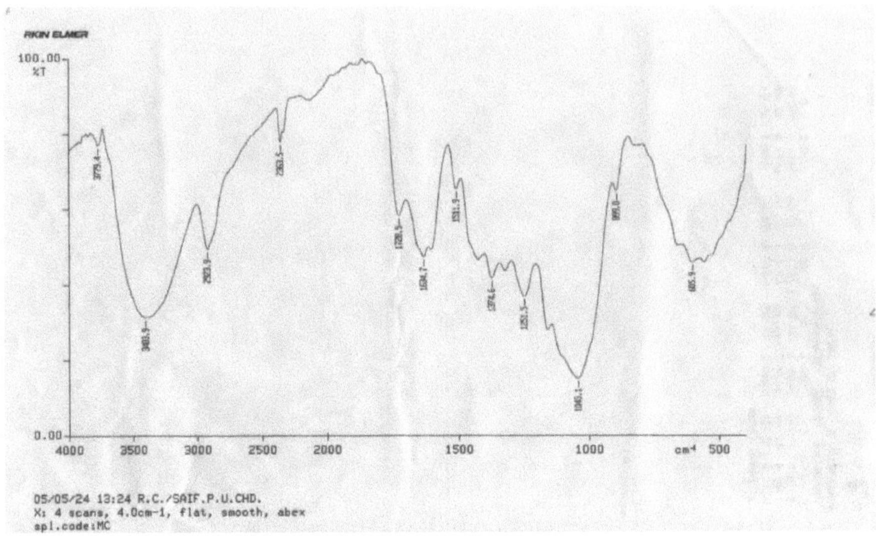

FIG: 4.1.7: ESPECTROS FT-IR DA ESPIGA DE MILHO

Fig: 4.1.8: MEV do bagaço de cana-de-açúcar

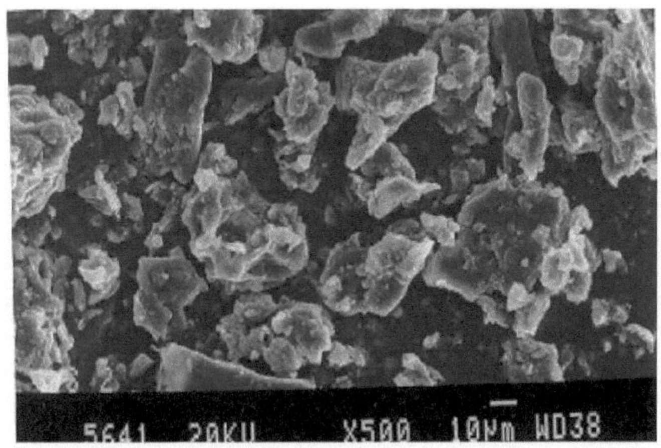

Fig: 4.1.8: MEV do bolo de óleo de jatrofa

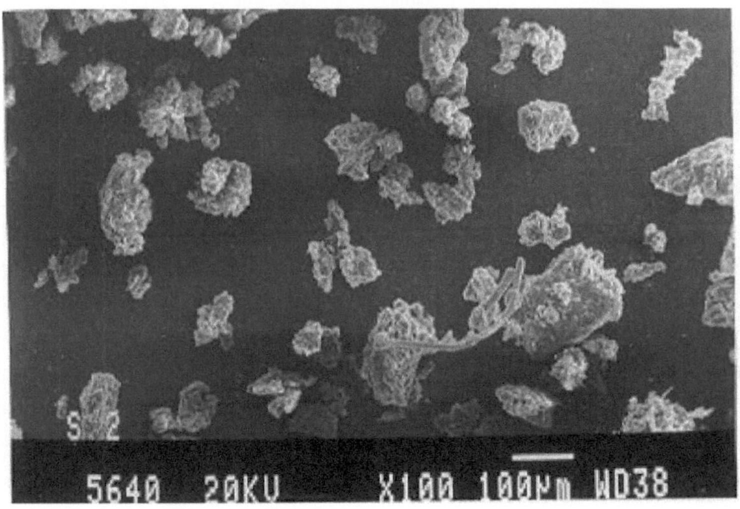

Fig: 4.1.8: MEV de espiga de milho

Quadro: 4.1.1: Caraterísticas físico-químicas dos resíduos agrícolas

Composição (matéria seca)	SCB	MCC	JOC
pH	4.53	7.01	6.76
Lignina	20	16	18
Fibra	22.5	40	11.5
Cinzas	03	02	4.5

Proteína bruta	1	50	18.2
Celulose	38	32	15
Proteína	04	03	35
Matéria gorda bruta Proteína	0.7	0.5	38
Tamanho das partículas	100 μm	10μm	10μm

Tabela: 4.1.2: Espectros FT-IR dos adsorventes

Adsorventes	**O-H**	**C-H**	**C=O**	-OCH3	**Vibrações de flexão**
SCB	3407.9	2922.1	1727.6	1051.2	609.8 & 832.6
MCC	3403.9	2923.9	1728.5	1043.1	605.9
JOC	3307.2 (Ampla)	2925.4	1742.0	1054.5	613.0

4.2.1 BIOSSORÇÃO DE CRÓMIO POR RESÍDUOS AGRÍCOLAS

A poluição da água pelo crómio é motivo de grande preocupação, uma vez que este metal é utilizado numa variedade de aplicações, incluindo a produção de aço, galvanoplastia, curtimento de peles, centrais nucleares, indústrias têxteis, preservação da madeira, anodização do alumínio, arrefecimento da água e preparação de cromatos. O crómio existe nas formas trivalente e hexavalente em sistemas aquosos. A forma hexavalente é tóxica, carcinogénica e mutagénica por natureza. É altamente móvel no solo e nos sistemas aquáticos e é também um forte oxidante capaz de ser absorvido pela pele. O processo de curtimento é uma das principais fontes de poluição pelo crómio à escala global. No processo de curtimento com crómio, o couro absorve apenas 60-80% do crómio aplicado, sendo o restante normalmente descarregado nas águas residuais, causando um grave impacto ambiental. O ião crómio nos resíduos líquidos de curtumes encontra-se principalmente na forma trivalente, que é posteriormente oxidado para a forma hexavalente. Os níveis máximos permitidos para o crómio trivalente nas águas residuais são 5 mg/l e para o crómio hexavalente são 0,05 mg/l.

No presente estudo, foi feita uma tentativa de explorar a utilização de bagaço de cana-de-açúcar, espigas de milho e bagaço de óleo de Jatropha como biossorventes sustentáveis para a remoção de crómio de sistemas aquosos em diferentes condições experimentais.

Foram efectuadas experiências em lotes para avaliar o potencial de adsorção dos biossorventes, nomeadamente o bagaço de cana-de-açúcar, o bagaço de óleo de Jatropha e a espiga de milho.

As experiências de adsorção foram efectuadas utilizando 100 ml de solução de crómio com a concentração desejada (50 mg/l) a um pH inicial de 2,0 e 2,0 g de adsorvente num balão de Erlenmeyer de 250 ml a uma temperatura de 25±1^{0}C (velocidade de agitação de 250 rpm). Em intervalos de tempo pré-determinados (60 min), as amostras foram separadas por centrifugação a 4000 rpm durante 10 min. A concentração residual de crómio no sobrenadante foi determinada espectrofotometricamente pelo método da di-fenilcarbazida. A percentagem de remoção (R %) e a capacidade de adsorção foram medidas.

Os espectros FT-IR do bagaço de cana-de-açúcar, da espiga de milho e do bagaço de óleo de Jatropha, antes e depois da sorção do crómio, foram utilizados para determinar as alterações de frequência vibracional nos grupos funcionais dos adsorventes. Os espectros FT-IR dos adsorventes apresentam vários picos de absorção, indicando a natureza complexa dos adsorventes estudados. A Tabela 4.2.1 apresenta os picos fundamentais dos adsorventes antes e depois da utilização.

Observa-se que o pico de absorção da banda C-O se desloca para 1047 cm [1] quando as SCB são carregadas com crómio (Fig. 4.2.1). Parece que este grupo funcional participa na ligação do metal. No bagaço de óleo de Jatropha, a banda de adsorção mais larga é observada a 3307 cm [1], o que pode ser atribuído aos grupos -OH ligados presentes na estrutura. Os outros picos proeminentes são devidos ao grupo -OCH3 e a compostos aromáticos. No entanto, no caso do bagaço de óleo de Jatropha-Cr (VI), verifica-se uma mudança notável na posição e na forma do grupo -OH, o que indica que o Cr (VI) se liga principalmente aos grupos -OH. Do mesmo modo, os modos de flexão dos compostos aromáticos também se deslocaram, o que indica uma associação com o anel aromático (Fig. 4.2.2). No caso da espiga de milho, a maior deslocação é apenas dos modos de estiramento -OH de 3403,9 para 3345 cm [(1),] o que indica o envolvimento de grupos -OH na ligação ao crómio (Fig. 4.2.3).

Estas alterações nos espectros FT-IR confirmam a ligação do crómio aos grupos funcionais presentes nos adsorventes.

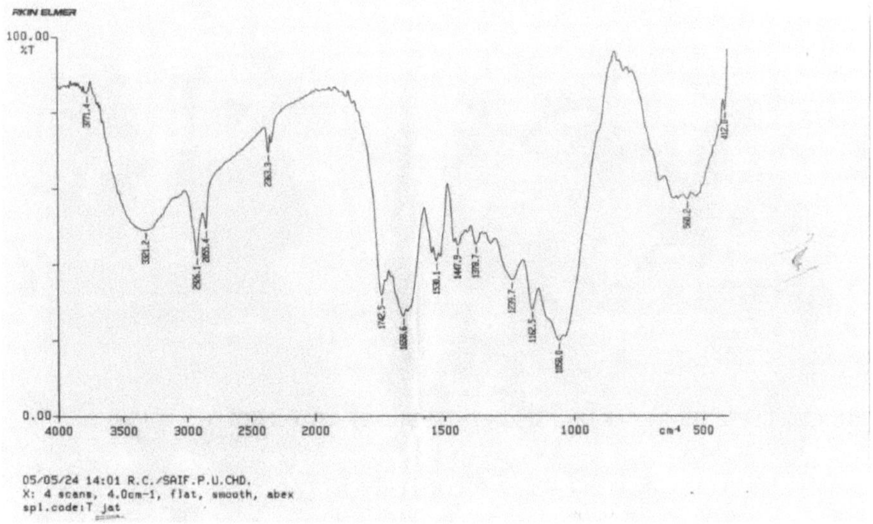

FIG: 4.2.1: ESPECTROS FT-IR DO BAGAÇO DE CANA-DE-AÇÚCAR TRATADO COM CRÓMIO

(VI)

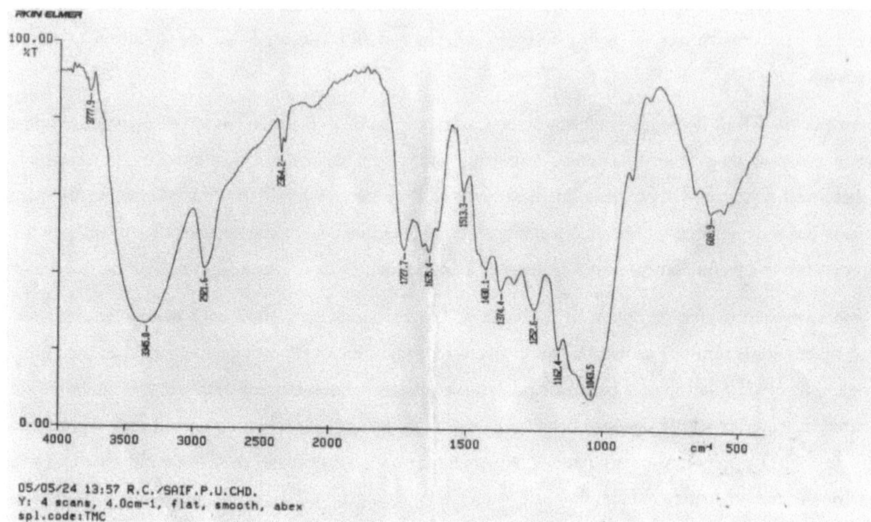

FIG: 4.2.2: ESPECTROS FT-IR DO BAGAÇO DE ÓLEO DE PINHÃO-MANSO TRATADO COM CRÓMIO (VI)

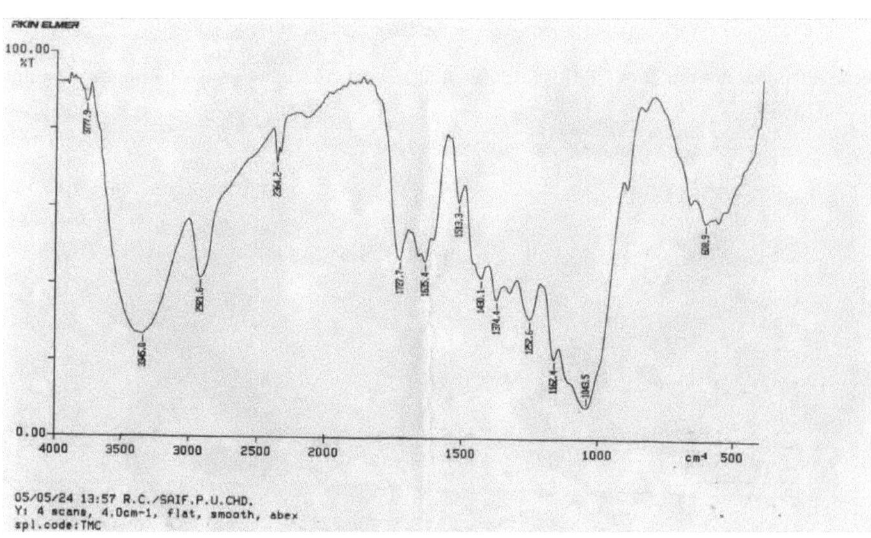

FIG: 4.2.3: ESPECTROS FT-IR DA ESPIGA DE MILHO TRATADA COM CRÓMIO (VI)

Tabela 4.2.1: Algumas frequências fundamentais dos adsorventes estudados (antes e depois da utilização)

Adsorvente	Posições das bandas (cm^{-1})				
vibrações	O-H	C-H	C = O	-CH3	Cintagem
SCB 832.6 Nativo	3407.9	2922.1	1727.6	1051.2	609.8,
SCB-Cr (VI) 832,7	3402.4	2925.3	1727.2	1047.8	665.9, 611.5,
JOC Nativo	3307.2 (Ampla)	2925.4	1742.0	1054.5	613.0
JOC-Cr (VI)	3321.2*	2926.1	1742.5	1058.0	560.2
MCC Nativo	3403.9	2923.9	1728.5	1043.1	605.9
MCC-Cr (VI)	3345.0	2921.6	1727.7	1043.5	608.9

Com o ombro a 3771,4 cm^{-1}

SCB: Bagaço de cana-de-açúcar

MCC: Espiga de milho

JOC: Bagaço de óleo de Jatropha

4.2.1.2 EFEITO DO pH

O pH é um dos parâmetros mais importantes na avaliação da capacidade de adsorção de um adsorvente para sequestrar iões metálicos de uma solução aquosa (Kapoor, et.al., 1999; Aksu, et.al., 2001; Zhang, et.al., 1998). O pH do sistema controla a capacidade de adsorção devido à sua influência nas propriedades de superfície do adsorvente e nas formas iónicas do crómio em soluções. As experiências de adsorção foram realizadas na gama de pH de 2-10, mantendo todos os outros parâmetros constantes (concentração de crómio =50mg/l; velocidade de agitação =250 rpm; tempo de contacto = 60 min, dose de adsorvente = 20g/l, temperatura = 25°C). O pH da solução de crómio foi ajustado após a adição do adsorvente. A adsorção máxima de crómio foi de 85, 90 e 62% para SCB, JOC e MCC, respetivamente, a pH 2 (Fig. 4.2.4). Verificou-se um declínio acentuado da percentagem de adsorção com o aumento do pH da solução aquosa. A adsorção de crómio pelo MCC diminuiu de 65 para 20% com o aumento do pH de 2 para 5. A adsorção de crómio pelo JOC diminuiu de 95 para 27% com o aumento do pH de 2 para 5. Do mesmo modo, a adsorção de crómio pela SCB diminuiu de 85 para 45% com o aumento do pH de 2 para 5. A adsorção máxima foi observada a pH 2,0 e, por conseguinte, foi considerado o valor de pH ótimo para outras experiências de adsorção. Os nossos resultados são consistentes com os de outros trabalhadores (Kapoor, et.al., 1999; Aksu, et.al., 2001; Zhang, et.al., 1998; Mohanty, et.al., 2006; Goel, et.al., 2005), segundo os quais a remoção de Cr (VI) diminui com o aumento do pH (>5,0). A dependência da adsorção de metais em relação ao pH pode estar largamente relacionada com o tipo e o estado iónico dos grupos funcionais presentes no adsorvente e com a química do metal em solução (Mohanty, et.al., 2006). Na gama de pH de 1,0-6,0, os iões de crómio coexistem em diferentes formas, tais como Cr_2O_7, $HCrO_4$, $Cr_3O_{30}^2$, Cr_4O | $_3^2$ dos quais predomina o $HCrO_4$. À medida que o pH da solução aumenta, as espécies predominantes são CrO_4^2 e $Cr_2O_7^2$. A maior adsorção a pH ácido indica que o pH mais baixo resulta num aumento de iões H^+ na superfície do adsorvente, o que resulta numa atração eletrostática significativamente forte entre a superfície do adsorvente com carga positiva e os iões cromato. A menor adsorção de Cr (VI) a valores de pH superiores a 6,0 pode dever-se à dupla competição de ambos os aniões (CrO_{42} e OH) para serem adsorvidos na superfície do adsorvente, sendo o OH predominante. Isto está de acordo com os estudos anteriores que registaram a remoção de Cr (VI) por diferentes adsorventes (Mohanty, et.al., 2006; Karthikeyan, et.al., 2005; Hamadi, et.al., 2001; Huang, et.al., 1977). Também se postulou que, em condições ácidas, o Cr (VI) poderia ser reduzido a Cr (III) na presença de um adsorvente.

O ião dicromato ($Cr_2O_7^{2-}$) em condições ácidas é reduzido a Cr^{3+}

$$Cr_2O_7^{2-} + 14\,H + 6\,e^- \rightarrow 2\,Cr^{3+} + 7\,H_2O \qquad E^o = 1.33V$$

No entanto, em soluções básicas é muito menos oxidante e existe como $Cr(OH)_3$

$$Cr_2O_7^{2-} + 4\,H_2O + 3\,e^- \rightarrow Cr(OH)_3 + 5\,OH^- \qquad E^o = -\,0.13V$$

A explicação plausível para a maior adsorção na região ácida é que o ião $Cr_2O_7^{2-}$ é oxidado a Cr^{3+}. Sendo pequeno em tamanho, é facilmente substituído por espécies carregadas positivamente (Hamadi, et.al., 2001).

4.2.1.3 EFEITO DA DOSE DE ADSORVENTE

A percentagem de adsorção de Cr (VI) em diferentes adsorventes foi estudada em diferentes doses de adsorvente (250, 500, 1000, 1500 e 2000mg/100ml, respetivamente) mantendo constante a concentração de crómio (50 mg/l), a velocidade de agitação (250 rpm), o pH (2,0), a temperatura (25° C) e o tempo de contacto (60 min.). A partir do estudo cinético, observou-se que a maior parte da remoção do crómio pelo JOC (90%), SCB (85%) e MCC (62%) foi alcançada em 60 minutos. Assim, estas experiências foram realizadas com um tempo de contacto de 60 minutos. Os resultados mostraram que, com o aumento da dose de adsorvente, a percentagem de adsorção de crómio aumentou e a remoção máxima foi observada com a dose de adsorvente de 20 g/l de JOC, SCB e MCC (Fig. 4.2.5). O aumento da percentagem de adsorção com a dose de adsorvente pode dever-se ao aumento da área de superfície do adsorvente e à disponibilidade de mais sítios de adsorção. A adsorção unitária diminuiu com o aumento da dose de adsorvente (Tabela 4.2.1). À medida que a dose de adsorvente foi aumentada de 2,5 para 20,0 g/l, a adsorção unitária para JOC, SCB e MCC diminuiu de 4,76 para 2,30 mg/g, 4,4 para 2,13 mg/g e 3,0 para 1,55 mg/g (Tabela 4.2.1). Este facto pode dever-se à sobreposição de sítios de adsorção em resultado da sobrelotação das partículas de adsorvente (Namasivayam, et.al., 1998). A ordem da percentagem de remoção de crómio pelos adsorventes estudados foi a seguinte Bagaço de óleo de pinhão-manso>Bagaço de cana-de-açúcar>Barba de milho.

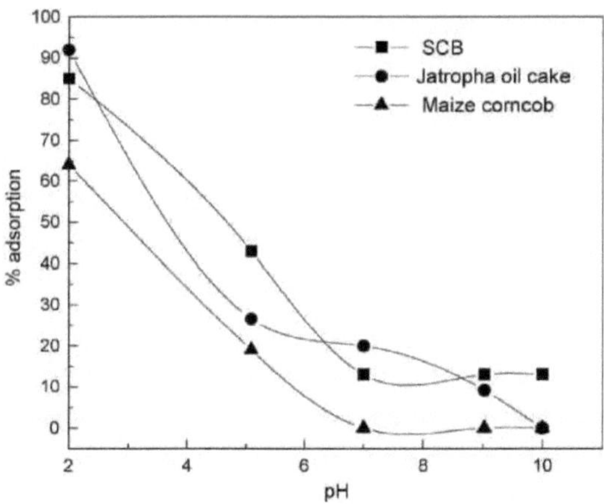

Fig: 4.2.4: Efeito do pH na remoção de crómio por diferentes adsorventes (concentração de crómio = 50 mg/l; velocidade de agitação = 250 rpm; tempo de contacto = 60 min; dose de adsorvente = 20 g/l).

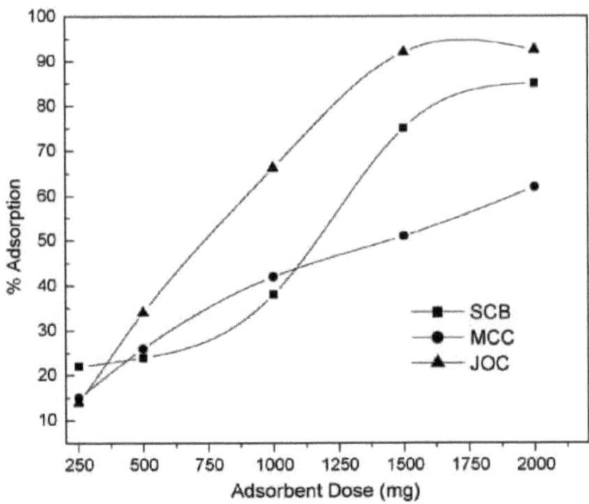

Fig: 4.2.5: Efeito da dose de adsorvente na remoção de crómio por diferentes adsorventes (concentração de crómio = 50 mg/l; velocidade de agitação = 250 rpm; tempo de contacto = 60 min; pH = 2)

4.2.1.4 EFEITO DA CONCENTRAÇÃO INICIAL DE CRÓMIO

A percentagem de adsorção de Cr (VI) com diferentes adsorventes foi estudada variando a concentração de crómio de (5, 10, 25, 50, 75, 100, 250 e 500 mg/l) mantendo constante a dose de adsorvente (20 g/l), a velocidade de agitação (250 rpm), o pH (2,0), a temperatura (25°C) e o tempo de contacto (60 min). Foram utilizadas concentrações mais elevadas de iões metálicos para estudar a capacidade máxima de adsorção dos adsorventes (Mohanty, et.al., 2006; Hamadi, et.al., 2001; Karthikeyan, et.al., 2005). A capacidade de adsorção de um adsorvente, que é obtida a partir do balanço de massa do sorbato num sistema com volume de solução V, é frequentemente utilizada para obter as isotérmicas de adsorção experimentais. A percentagem de adsorção de crómio diminuiu com o aumento da concentração inicial de crómio (Fig. 4.2.6). Mas a quantidade real de crómio adsorvido por unidade de massa do adsorvente aumentou com o aumento da concentração de crómio na solução de ensaio. À medida que a concentração de crómio na solução de ensaio aumentou de 5,0 para 500 mg/l, a adsorção unitária de crómio no JOC, SCB e MCC aumentou de 0,25 para 11,75 mg/g, 0,25 para 5,75 mg/g e 0,23 para 3,0 mg/g, respetivamente (Tabela: 4.2.2).

A ordem da percentagem de remoção de crómio por diferentes biossorventes é Bagaço de óleo de Jatropha >Bagaço de cana-de-açúcar > Espiga de milho.

4.2.1.5 CINÉTICA DE ADSORÇÃO

Os estudos com os três biossorventes foram realizados variando o tempo de contacto de 5 a 120 minutos a uma concentração fixa de crómio (50 mg/l), velocidade de agitação (250 rpm), temperatura (25° C) e pH (2,0). Os diferentes adsorventes retiraram o máximo de crómio da solução em 60 minutos (Fig. 4.2.7). A remoção de crómio foi de 85% pela SCB, 92% pela JOC e 62% pela MCC em 60 minutos de tempo de contacto. No caso da MCC, há um aumento muito pequeno na adsorção após 120 minutos de tempo de contacto (62% a 67%). Assim, tendo em conta estas observações, optou-se por um tempo de contacto de 60 minutos para as experiências seguintes.

4.2.1.6 ISOTÉRMICAS DE ADSORÇÃO

Os modelos clássicos de adsorção, tais como os modelos de Langmuir e Freundlich, foram utilizados para descrever o equilíbrio estabelecido entre os iões metálicos adsorvidos na biomassa (q_e) e os iões metálicos que permanecem em solução (C_e) a uma temperatura constante. Os resultados experimentais obtidos para a adsorção de crómio em bagaço de cana-de-açúcar, bagaço de óleo de Jatropha e carolo de milho a temperatura constante (25±1^{0}C) sob condições pré-definidas de pH, dose de adsorvente e velocidade de agitação obedeceram à isotérmica de adsorção de Freundlich.

O gráfico de log(x/m) versus log C_e para várias concentrações iniciais foi linear (figuras não apresentadas), indicando a aplicabilidade da isotérmica de adsorção clássica a este sistema de bagaço de cana-de-açúcar-Cr (VI), bagaço de óleo de Jatropha-Cr (VI) e espiga de milho-Cr (VI) Fig: 4.2.8, 4.2.9, 4.2.10). As capacidades de adsorção (k_f) e a constante de Freundlich (n) são apresentadas na Tabela 4.2.3.

Os gráficos de C_e /(x/m) Vs C_e são lineares, o que mostra que a adsorção de Cr (VI) segue o modelo da isoterma de Langmuir (4.2.11, 4.2.12, 4.2.13). Os valores do coeficiente de correlação (r) foram muito elevados para todos os adsorventes (Tabela 4.2.3), o que indica que os dados se ajustam razoavelmente bem à isotérmica de Langmuir nos actuais estudos de adsorção. O valor do declive, que é inferior à unidade, implica que a adsorção significativa teve lugar a baixa concentração de iões metálicos.

Tabela: 4.2.2: Capacidade de adsorção de diferentes adsorventes em diferentes doses de adsorvente

Dose de adsorvente (g l^{-1})	SCB (q_e) (mg g^{-1})	MCC (q_e) (mg g^{-1})	JOC (q_e) (mg g^{-1})
2.5	4.40	3.00	4.76
5.0	3.40	2.60	3.40
10.0	2.90	2.10	3.31
15.0	2.50	1.70	2.73
20.0	2.13	1.55	2.30

Tabela: 4.2.3: Capacidade de adsorção de diferentes adsorventes em diferentes concentrações iniciais de crómio

Cr (VI) Conc (mg l^{-1})	SCB (q_e) (mg g^{-1})	MCC (q_e) (mg g^{-1})	JOC (q_e) (mg g^{-1})
5	0.25	0.23	0.25

10	0.50	0.42	0.50
25	1.25	0.95	1.175
50	2.13	1.61	2.30
75	3.15	2.16	3.08
100	3.90	2.56	4.05
250	5.75	3.13	7.75
500	5.75	3.0	11.75

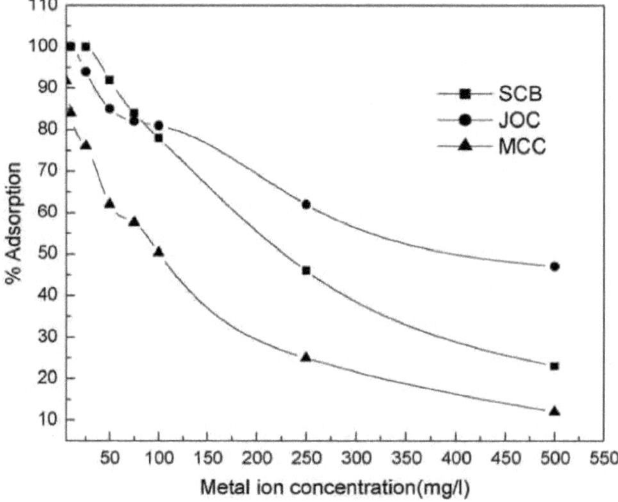

Fig: 4.2.6: Efeito da concentração de iões metálicos na remoção de crómio (VI) por diferentes adsorventes (dose de adsorvente = 2000 mg/l; velocidade de agitação = 250 rpm; tempo de contacto = 60 min; pH = 2).

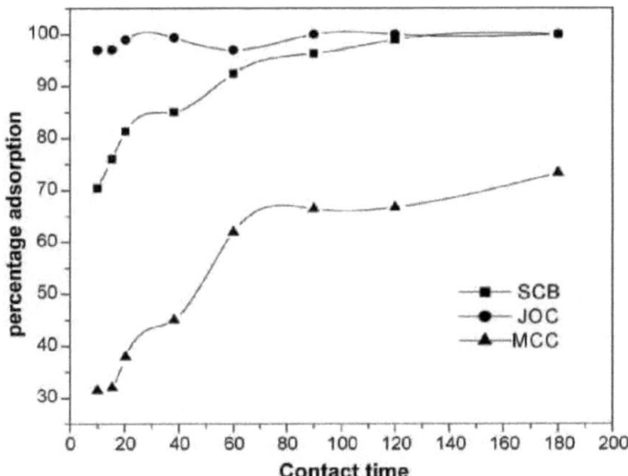

Fig: 4.2.7: Efeito do tempo de contacto na remoção de crómio (VI) por diferentes adsorventes (concentração de crómio = 50 mg/l; velocidade de agitação = 250 rpm; dose de adsorvente = 2000mg/l; pH = 2).

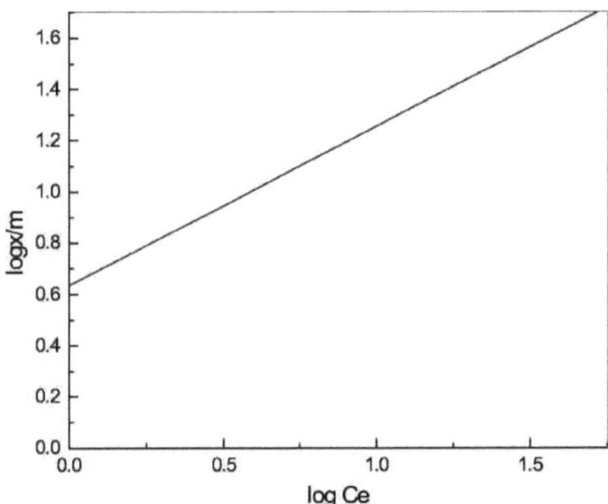

Fig: 4.2.8: Isotérmica de adsorção para a adsorção de crómio (VI) em bagaço de cana-de-açúcar (SCB)

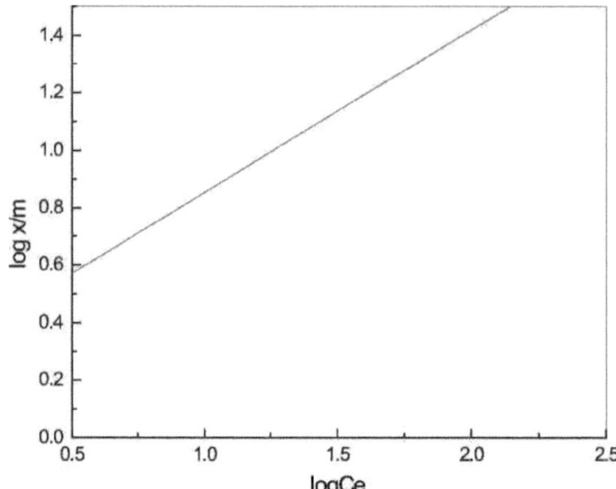

Fig. 4.2.9: Isotérmica de adsorção para a adsorção de crómio (VI) em sabugo de milho

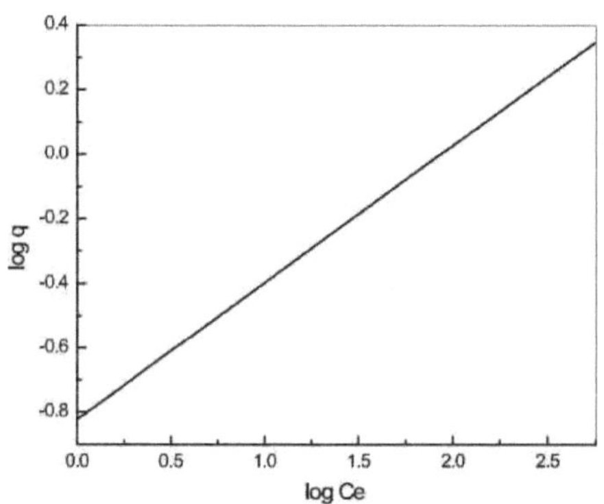

Fig. 4.2.10: Isotérmica de adsorção para a adsorção de crómio (VI) no bagaço de óleo de Jatropha

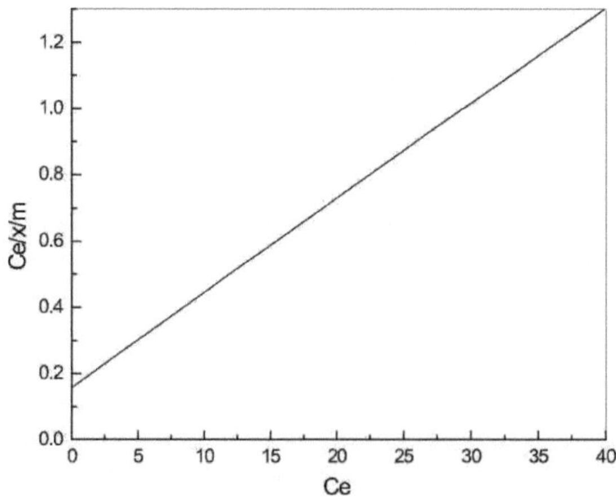

Fig: 4.2.11: Isotérmica de adsorção para a adsorção de crómio (VI) no bagaço de cana-de-açúcar (SCB)

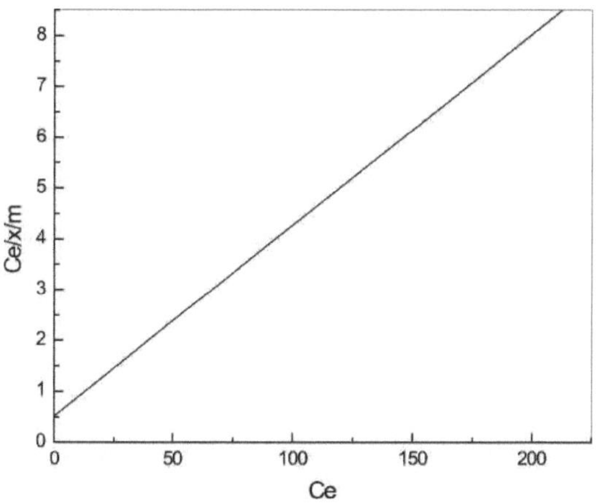

Fig: 4.2.12: Isotérmica de adsorção para a adsorção de crómio (VI) na espiga de milho

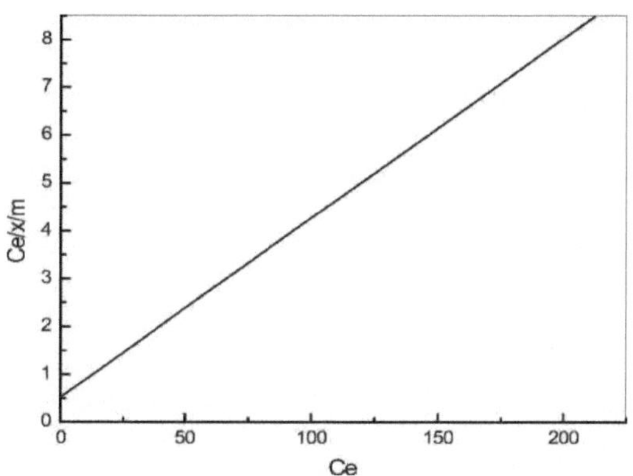

Fig: 4.2.13: Isotérmica de adsorção para a adsorção de crómio (VI) no bagaço de óleo de Jatropha

Tabela: 4.2.4: Constantes de regressão dos modelos de Freundlich e Lagmuir para diferentes adsorventes

Adsorvente	Isotérmica de Freundlich			Isotérmica de Langmuir		
	Kf (L g^{-1})	n	r	Qo(mg g^{-1})	b (L mg^{-1})	r
MCC	0.51	20	0.99	0.2	1.78	0.98
JOC	0.51	33.3	0.99	0.82	2.38	0.99
SCB	0.15	35	0.99	0.63	1.51	0.99

4.2.2: OPTIMIZAÇÃO DOS PARÂMETROS DO PROCESSO DE REMOÇÃO DE CRÓMIO (VI)

4.2.2.1 Biossorção de Cr (VI) por resíduos agrícolas utilizando o método de Taguchi

Os parâmetros do processo de adsorção, nomeadamente o pH, a velocidade de agitação e a dose de adsorvente, foram optimizados utilizando o método de Taguchi (Montgomery, 2004).

Para determinar o plano experimental, foi selecionado o desenho experimental baseado numa matriz ortogonal OA padrão (5^3). Foram selecionados três parâmetros de processo (pH, velocidade de agitação e concentração de adsorvente), cada um com cinco níveis (2, 5, 7, 9, 10; 50, 100,150, 200 e 250 rpm; 250,500, 1000, 1500 e 2000mg/100ml, respetivamente). A fim de observar os efeitos das fontes de ruído no processo de adsorção (factores incontroláveis), cada experiência foi realizada em duplicado.

para determinar se os resultados das experiências de confirmação são significativos ou não, o intervalo de confiança deve ser avaliado. O intervalo de confiança para o nível de erro escolhido pode ser calculado pela seguinte equação

$$Y_i \pm \sqrt{\left[F_{\alpha;1,DFMSC} \cdot NSe \cdot \left(1 + \frac{m}{N} + \frac{1}{n_i}\right)\right]} \qquad 4.1$$

Onde F é o valor da tabela F, α, o nível de erro, DFMSe, o grau de liberdade do erro quadrático médio, m os graus de liberdade utilizados na previsão de Yi, N, o número total de experiências, e ni o número de repetições na experiência de confirmação. Uma experiência de verificação é uma ferramenta poderosa para detetar a percentagem de interação entre diferentes parâmetros de controlo.

Tabela: 4.2.5: Parâmetros que afectam o processo de adsorção juntamente com os seus níveis para a remoção de crómio (VI) utilizando o método de Taguchi

Factores	Tipo	Níveis	Valores				
pH	Aleatório	5	2	5	7	9	10
Velocidade de agitação (rpm)	Aleatório	5	50	100	150	200	250
Concentração (mg)	Aleatório	5	250	500	1000	1500	2000

Se a resposta prevista nas condições óptimas não corresponder à resposta observada, isso implica que as interações são importantes. Se a resposta prevista corresponder à resposta observada, isso implica que as interações não são provavelmente importantes e que o modelo aditivo é uma boa aproximação. As experiências foram realizadas com bagaço de cana-de-açúcar modificado de acordo com o projeto experimental. De acordo com o projeto, as experiências em lote foram realizadas a vários pH (2-10), dose de adsorvente (250mg-2g/100ml) e velocidade de agitação (50-250 rpm). Para cada experiência em lote, foram utilizados 100 ml (50 ppm) de solução de Cr (VI). A resposta, ou seja, a eficiência de adsorção, juntamente com os valores médios, foi apresentada na Tabela 4.2.6.

Os seus níveis de confiança e eficácia foram estudados através da realização de uma análise de variância (ANOVA) para verificar quais os parâmetros do processo que são estatisticamente significativos. O teste F é uma ferramenta que permite verificar quais os parâmetros do processo que têm um efeito significativo na eficiência da remoção. O valor F para cada parâmetro do processo é simplesmente um rácio da média do erro quadrático. Normalmente, quanto maior for o valor F, maior é o seu efeito na eficiência de remoção devido à alteração do parâmetro do processo. Com as caraterísticas de desempenho e a ANOVA, é possível prever a combinação óptima dos parâmetros do processo (Tabela 4.2.7)

Tabela: 4.2.6: Resultados experimentais para a adsorção de crómio (VI) de uma solução aquosa com bagaço de cana-de-açúcar modificado (SCB)

S No	pH	RPM	Conc.	Response	SNRA2	MEAN2
1	2	50	250	0.36	-8.8739	0.36
2	2	100	500	0.28	-11.0568	0.28
3	2	150	1000	0.56	-5.0362	0.56
4	2	200	1500	0.69	-3.2230	0.69
5	2	250	2000	0.86	-1.3100	0.86
6	5	50	500	0.32	-9.8970	0.32
7	5	100	1000	0.29	-10.7520	0.29
8	5	150	1500	0.69	-3.2230	0.69
9	5	200	2000	0.50	-6.0206	0.50
10	5	250	250	0.12	-18.4164	0.12
11	7	50	1000	0.71	-2.9748	0.71
12	7	100	1500	0.43	-7.3306	0.43
13	7	150	2000	0.93	-0.6303	0.93
14	7	200	250	0.07	-23.0980	0.07
15	7	250	500	0.22	-13.1515	0.22
16	9	50	1500	0.86	-1.3100	0.86
17	9	100	2000	0.54	-5.3521	0.54
18	9	150	250	0.14	-17.0774	0.14
19	9	200	500	0.15	-16.4782	0.15
20	9	250	1000	0.32	-9.8970	0.32
21	10	50	2000	0.92	-0.7242	0.92
22	10	100	250	0.15	-16.4782	0.15
23	10	150	500	0.17	-15.3910	0.17
24	10	200	1000	0.62	-4.1522	0.62
25	10	250	1500	0.41	-7.7443	0.41

Tabela: 4.2.7: Resultados da Análise de Variância (ANOVA) para Adsorção com Bagaço de Cana-de-Açúcar Modificado

Parâmetros	Soma de quadrados	Grau de liberdade	Quadrados médios	F	P
pH	0.08566	4	0.2141	1.45	0.273
Velocidade de agitação	0.27354	4	0.06838	4.62	0.017
Dose de adsorvente	1.24418	4	0.31104	21.03	0.000
Erro	0.17749	12	0.01479		
Total	1.78086	24			

Tabela: 4.2.8: Resultados óptimos para vários parâmetros e adsorção observada

Parâmetro	**Valor**	**Bagaço de cana-de-açúcar**	**Nível**
pH	1		1
rpm	2		5
Dose de adsorvente	3		5

Para calcular a eficiência da remoção de Cr (VI) pelo bagaço de cana-de-açúcar modificado, foi selecionada uma equação de caraterísticas de desempenho tanto mais elevada quanto melhor for o desempenho. O grau de influência dos parâmetros nas caraterísticas de desempenho é apresentado nos gráficos da Fig. 4.2.14. O nível ótimo dos parâmetros do processo é o nível com a relação S/N mais elevada. Para deduzir as condições experimentais dos dados apresentados nestas figuras, consideremos a Fig. 4.2.14 com os parâmetros A (pH). O primeiro ponto de dados, ou seja, o pH, corresponde ao valor 2 para este parâmetro. Na tabela 2, há cinco experiências para as quais o pH é 2. O valor das caraterísticas de desempenho do primeiro dado (pH) é, portanto, a média dos valores obtidos nas experiências. Do mesmo modo, calculam-se as caraterísticas de desempenho das condições experimentais para o segundo ponto de dados, cujo valor é pH 5 (ou seja, experiências n.º 6, 7, 8, 9 e 10) e assim por diante. O valor numérico do ponto máximo em cada gráfico é o melhor valor desse parâmetro específico e é apresentado na Tabela 4.2.8.

As condições óptimas descritas pelo projeto para a adsorção de crómio (VI) por SCB modificado são pH=2, velocidade de agitação=50rpm e dose de adsorvente=2g/100ml (Fig. 4.2.14), os resultados confirmatórios mostraram que, com os parâmetros optimizados, a percentagem de remoção de iões metálicos de crómio (VI) foi de 98%. A Tabela 4.2.8 mostra que todos os parâmetros têm efeitos significativos no processo.

Main Effects Plot for Means

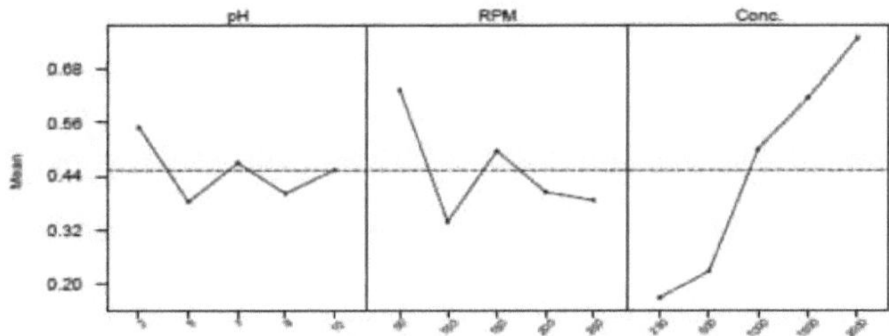

Fig: 4.2.14: Gráficos de efeitos principais para médias

4.2.2.2 BIOSSORÇÃO DE CRÓMIO (VI) POR RESÍDUOS AGRÍCOLAS UTILIZANDO A ABORDAGEM METODOLÓGICA DA SUPERFÍCIE DE RESPOSTA (RSM)

O presente estudo relata o efeito combinado de três parâmetros do processo, a saber, a dose de adsorvente, o pH e a velocidade de agitação, na remoção de crómio de soluções simuladas por bagaço de cana-de-açúcar modificado , utilizando o Design Experimental Central Composto Centrado na Face na Metodologia de Superfície de Resposta (RSM) pelo Design Expert Versão 6.0.10, (Stat-Ease Inc., 2021 East Hennepin Ave., Suite 191, Minneapolis, MN 55413).

A remoção de iões Cr (VI) de soluções aquosas em bagaço de cana-de-açúcar tratado com ácido succínico foi realizada à escala de lotes. As experiências foram efectuadas de acordo com o software de design especializado. Todas as experiências foram realizadas em duplicado e os valores médios para a resposta foram comunicados. Os resultados de cada uma das experiências efectuadas de acordo com o software são apresentados na Tabela 4.2.9.

Uma relação empírica entre a resposta e as variáveis independentes foi expressa pelo seguinte modelo quádruplo

$$\text{Cr (VI) Adsorption} = $$

$$22.99 - 3.44A - 26.82B + 7.40C + 5.19A^2 + 8.42B^2 + 8.90C - 8.78AB - 0.26AC - 6.14BC \qquad \textbf{4.2}$$

A análise de variância foi calculada para analisar a acessibilidade do modelo. A análise de variância para a resposta foi encapsulada na Tabela 4.2.10.

Tabela: 4.2.9: O modelo composto central para três variáveis independentes

Valores codificados das variáveis	Adsorção (%)

Número do ensaio	Dose de adsorvente (A)	pH (B)	Velocidade de agitação (C)	(R)
1	-1	-1	-1	54.00
2	+1	-1	-1	65.00
3	-1	+1	-1	28.32
4	+1	+1	-1	06.46
5	-1	-1	+1	80.00
6	+1	-1	+1	92.23
7	-1	+1	+1	32.00
8	+1	+1	+1	06.87
9	-1.682	0	0	44.41
10	+1.682	0	0	30.60
11	0	-1.682	0	90.86
12	0	+1.682	0	02.41
13	0	0	-1.682	35.00
14	0	0	+1.682	61.00
15	0	0	0	24.00
16	0	0	0	23.00
17	0	0	0	22.00
18	0	0	0	23.00
19	0	0	0	22.00
20	0	0	0	24.00

Tabela 4.2.10: Análise de variância (ANOVA) para o modelo quadrático de remoção de cromo (VI) pelo bagaço de cana tratado

Fontes	Soma de quadrados	DF	Quadrado médio	Valor F	Probabilidade F>
Modelo	13815	09	1535	1036	< 0.0001 (S)
Residual	14.4	10	1.5		
Falta de ajuste	11	05	2.2	2,70 (NS)	0.1494
Puro erro	04.00	05	0.80		
Total	13830	19			

$R^2 = 0,9933$; DF = Grau de liberdade.

Para avaliar a qualidade do modelo, foram igualmente efectuados os testes do coeficiente de variância (o rácio entre o erro padrão da estimativa e o valor médio expresso em percentagem) e do valor F. A distribuição F é uma distribuição de probabilidades utilizada para comparar variâncias através do exame do seu rácio. Se forem iguais, o valor F será igual a 1. O valor F na tabela ANOVA é o rácio entre o quadrado médio do modelo (MS) e o quadrado médio do erro apropriado. Quanto maior for o rácio, maior será o valor F e maior será a probabilidade de a variância contribuída pelo modelo ser significativamente maior do que o erro aleatório. Regra geral, o coeficiente de variação não deve ser superior a 10%. No caso presente, o coeficiente de variação para a remoção do crómio foi de 2,70. Além disso, o valor F para a resposta foi significativo a 99%. Com base na análise de variância, conclui-se que o modelo selecionado representa adequadamente os dados relativos à remoção de crómio.

Um gráfico de diagnóstico para a resposta é apresentado na Fig. 4.2.15. A partir da análise dos resíduos, conclui-se que as respostas são distribuídas aleatoriamente em torno de zero e não há evidência de valores anómalos afastados da média.

O pH e a dose de adsorvente são os parâmetros de processo mais importantes para avaliar a capacidade de remoção de um adsorvente. As experiências de adsorção foram realizadas de acordo com o modelo selecionado com uma gama selecionada de pH e dose de adsorção. A adsorção máxima de iões metálicos de crómio (VI) foi de 92% para SCB a pH 2 e dose de adsorvente de 2000 mg/l (Fig: 4.2.16 & 4.2.17). Assim, com o bagaço de cana-de-açúcar tratado, a adsorção ocorre principalmente em meio ácido.

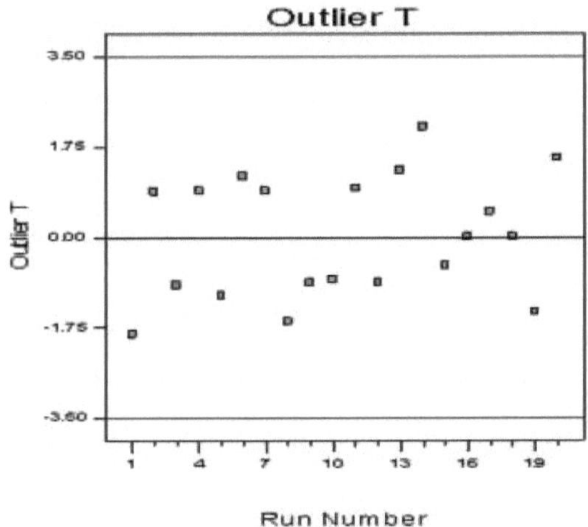

Fig: 4.2.15: Um gráfico de diagnóstico para a resposta

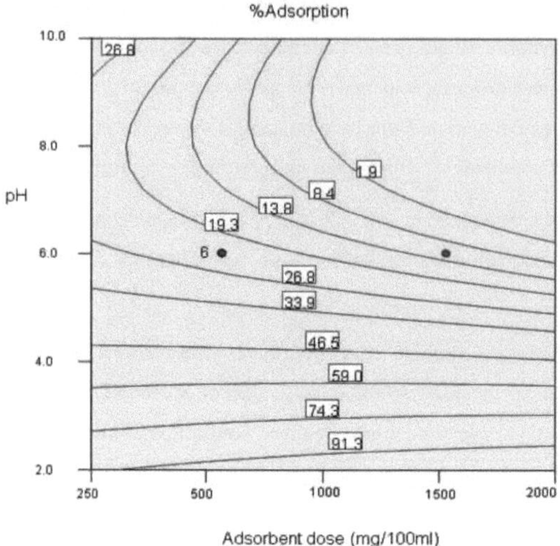

Fig 4.2.16: Gráfico de contorno que mostra o efeito do pH e da dose de adsorvente na percentagem de remoção de crómio (VI)

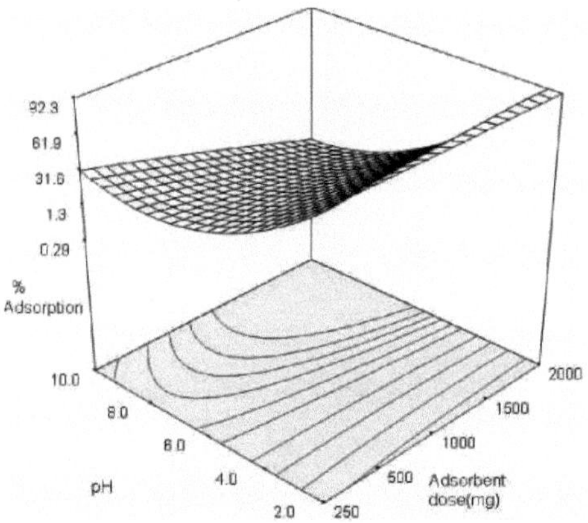

Fig: 4.2.17: Gráfico 3-D mostrando o efeito do pH e da dose de adsorvente na percentagem de remoção de crómio (VI)

O efeito combinado da dose de adsorvente e da velocidade de agitação é apresentado nas Fig. 4.2.18 e 4.2.19. Os resultados mostram que a adsorção máxima foi registada com a dose de adsorvente de 2000 mg/l e uma velocidade de agitação mais elevada, i.e., 250 rpm.

A percentagem de adsorção de Cr (VI) com bagaço de cana-de-açúcar tratado foi estudada numa gama pré-selecionada de pH e velocidade de agitação. Os resultados estão representados nas figuras 4.2.20 e 4.2.21. Os resultados indicaram que a adsorção máxima ocorreu na gama ácida e a uma velocidade de agitação muito elevada.

Com base nestes resultados, as condições óptimas para a remoção de Cr (VI) pelo bagaço de cana-de-açúcar tratado a partir das soluções simuladas foram as seguintes: pH 2; velocidade de agitação 200 rpm e dose de adsorvente de 2g/100ml.

4.2.2.3 TRATAMENTO DE EFLUENTES COM CRÓMIO

As caraterísticas da amostra de efluente (média) são apresentadas na Tabela: 4.2.11. Os efluentes foram tratados com bagaço de cana-de-açúcar em condições optimizadas a partir de estudos simulados. 100 ml da amostra após diluição foram tratados com 2 g de biossorvente a pH: 2, velocidade de agitação: 250 rpm; tempo de contacto: 60 min. O resultado indica a remoção completa do crómio (VI) das amostras de efluentes.

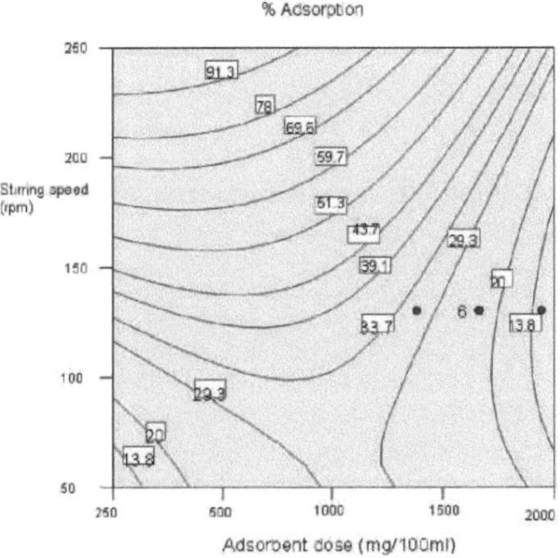

Fig: 4.2.18.: Gráfico de contorno mostrando o efeito da velocidade de agitação e da dose de adsorvente na percentagem de remoção de crómio (VI)

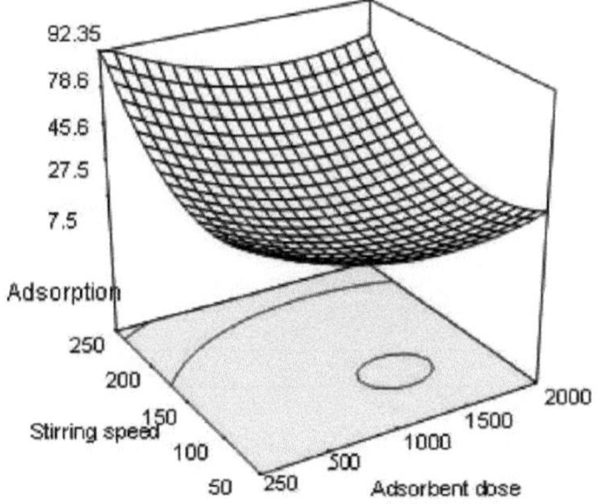

Fig: 4.2.19: 5, Gráfico 3-D que mostra efeito da velocidade de agitação e da dose de adsorvente

na percentagem de remoção de crómio (VI)

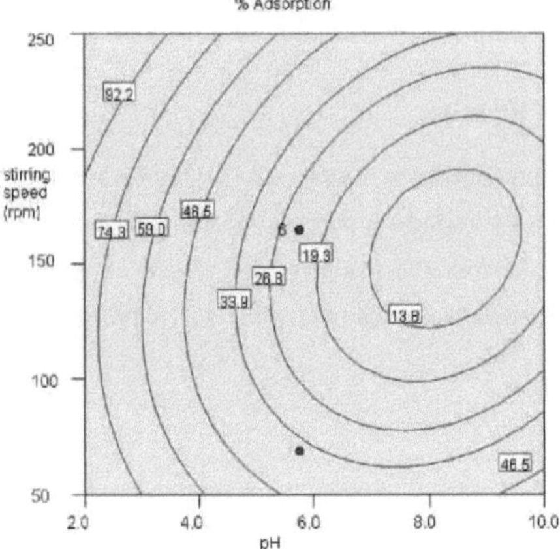

Fig: 4.2.20: Gráfico de contorno mostrando o efeito do pH e da velocidade de agitação na percentagem de remoção de crómio (VI)

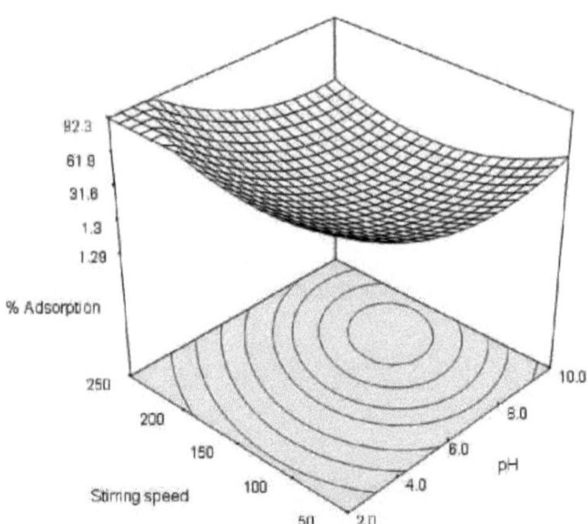

Fig: 4.2.21: Gráfico 3-D mostrando o efeito do pH e da velocidade de agitação na percentagem de remoção de crómio (VI)

Tabela: 4.2.11: Caraterísticas da amostra de efluente (média)

Concentração de iões de crómio	20,0 mg/l
CBO (mg/l)	2.0
CQO (mg/l)	200

Teor de cloreto	397,6 mg/l
Condutividade	0,52mS
pH	7.48
Cor	Branco

4.3.1 BIOSSORÇÃO DE NÍQUEL POR RESÍDUOS AGRÍCOLAS

As águas residuais que contêm níquel (II) são comuns, uma vez que este metal é utilizado numa série de indústrias, incluindo a galvanoplastia, o fabrico de baterias, a exploração mineira, o acabamento de metais e a forja. A concentração de níquel (II) nas águas residuais provenientes da drenagem de minas, da galvanoplastia de louça de mesa e do acabamento e forjamento de metais foi registada até 130 mg/l (Patterson, 1985).

No presente estudo, a remoção de iões de níquel por bagaço de cana-de-açúcar, bagaço de óleo de pinhão-manso e carolo de milho foi estudada em diferentes condições experimentais. Foi investigada a influência de diferentes parâmetros do processo, tais como a concentração inicial de iões metálicos, o pH, a dose de adsorvente e o tempo de contacto.

Foi preparada uma solução-mãe de níquel (II) (1000 mg/l) dissolvendo 4,95 g de nitrato de níquel em 1 L de água desionizada. A concentração na solução de teste foi determinada espectrofotometricamente utilizando um espetrofotómetro UV-VIS de matriz dupla, (Agilent 8453) num comprimento de onda correspondente à absorvância máxima (470 nm) para o níquel (II) (APHA, 1995).

Os espectros FTIR de SCB, MCC e JOC antes e depois da sorção de níquel foram traçados para determinar as alterações de frequência de vibração nos grupos funcionais nos adsorventes. Os espectros dos adsorventes foram medidos na gama de 400-4000 cm^{-1} de número de onda.

A tabela: 4.3.1 apresenta os picos fundamentais do adsorvente antes e depois da utilização. No caso da SCB, observa-se uma pequena deslocação da frequência caraterística do grupo - OH (Fig. 4.3.1). As bandas de adsorção em ambos os espectros são bastante semelhantes, o que é indicativo da predominância da troca iónica sobre a precipitação/co-precipitação que ocorre durante a adsorção de níquel (II) na SCB (Ho, Y.S et.al. , 2006, Osvaldo K. Jr. et.al., 2007

Tabela: 4.3.1: Algumas Frequências Fundamentais dos Adsorventes Estudados

(Antes e depois da utilização)

Adsorventes	O-H	C-H	C=O	-CH3	Vibrações de flexão
SCB (Nativo)	3407.9	2922.1	1727.6	1051.2	609.8 & 832.6
SCB - Ni(II)	3396.2	2915.8	1729.4	1049.3	605.3
MCC (Nativo)	3403.9	2923.9	1728.5	1043.1	605.9

MCC - Ni(II)	3343.2	2922.6	1637.1	1042.4	609.1
JOC (Nativo)	3307.2 (Ampla)	2925.4	1742.0	1054.5	613.0
JOC -Níquel (II)	3337.9	2927.6	1655.5	1057.1	560.9

SCB: Bagaço de cana-de-açúcar

MCC: Espiga de milho

JOC: Bagaço de óleo de Jatropha

No entanto, no caso do JOC carregado com níquel (II), há uma mudança notável nas posições e formas dos picos dos grupos -OH e C=O, indicando que o níquel (II) se liga principalmente aos grupos -OH e C=O. Do mesmo modo, os modos de flexão dos compostos aromáticos também se deslocaram, o que indica uma associação com o anel aromático (Fig. 4.3.2). Tal como no JOC, no MCC também se registou uma mudança nas posições e formas dos picos dos grupos -OH e C=O, indicando que o níquel (II) se liga principalmente aos grupos -OH e C=O. A maior deslocação foi apenas dos modos de estiramento -OH de 3403,9 para 3343,2 cm^{-1}, indicando o envolvimento de grupos -OH na ligação ao níquel (Fig. 4.3.3). O mecanismo possível pelo qual o níquel (II) é removido por estes adsorventes pode ser a adsorção superficial envolvendo processos físicos e químicos e a troca iónica. A possível adsorção nestes adsorventes pode dever-se a adsorção física, complexação com grupos funcionais, troca iónica, precipitações superficiais e reação química com sítios superficiais. As alterações nos espectros FTIR confirmam a complexação do níquel (II) com grupos funcionais presentes nos adsorventes.

4.3.1.2 EFEITO DO pH

O pH é um dos parâmetros mais importantes para avaliar a capacidade de adsorção de um adsorvente para sequestrar iões metálicos de uma solução aquosa. As experiências de adsorção foram realizadas na gama de pH de 2-8, mantendo todos os outros parâmetros constantes (concentração de níquel (II) =50mg/l; velocidade de agitação =250 rpm; tempo de contacto = 60 min, dose de adsorvente = 7,5g/l, temperatura = 25°C para MCC e JOC e 20g/l para SCB). O pH da solução de níquel foi ajustado após a adição do adsorvente. A adsorção máxima de níquel foi de 92%, 64% e 55% para MCC, JOC e SCB, respetivamente (Fig. 4.3.4). Verificou-se um declínio acentuado na percentagem de adsorção com a diminuição do pH da solução aquosa, com exceção do JOC.

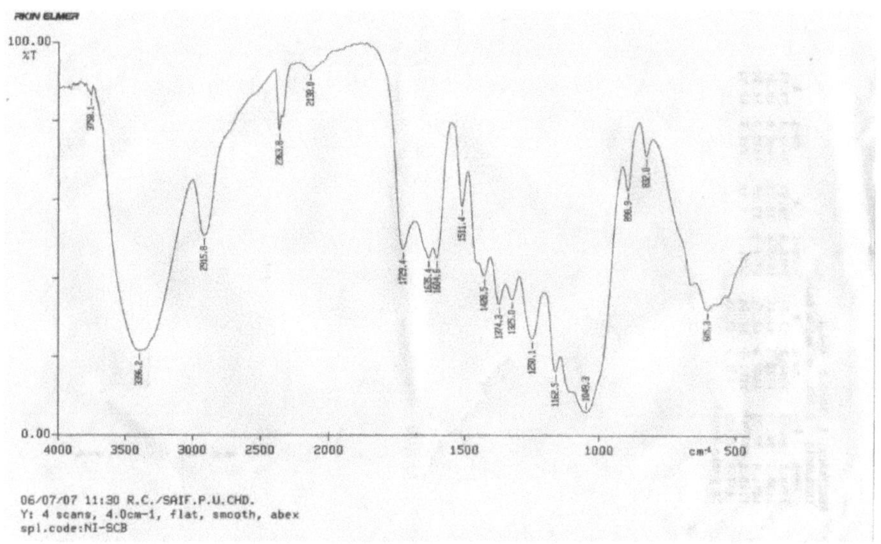

FIG: 4.3.1: ESPECTROS FT-IR DO BAGAÇO DE CANA-DE-AÇÚCAR TRATADO COM NÍQUEL (II)

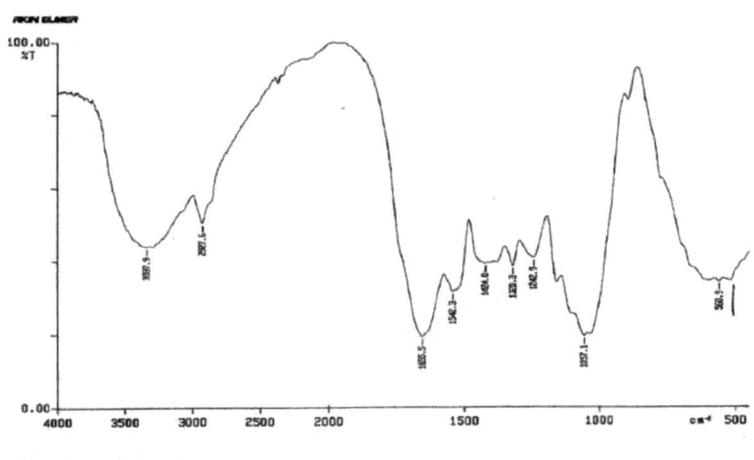

FIG: 4.3.2: ESPECTROS FT-IR DO BAGAÇO DE ÓLEO DE PINHÃO-MANSO TRATADO COM NÍQUEL (II)

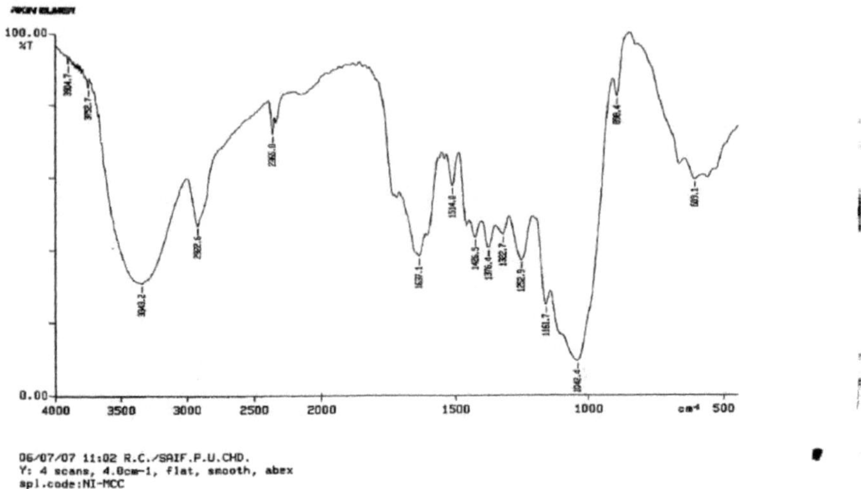

FIG: 4.3.3: SECÇÃO FT-IR DA ESPIGA DE MILHO TRATADA COM NÍQUEL (II)

4.3.1.3 EFEITO DA DOSE DE ADSORVENTE

A percentagem de adsorção de níquel (II) em diferentes adsorventes foi estudada em diferentes doses de adsorvente (250, 500, 750, 1000, 1500 e 2000mg/100ml, respetivamente) mantendo constante a concentração de níquel (50 mg/l), a velocidade de agitação (250 rpm), o pH (neutro), a temperatura (25° C) e o tempo de contacto (60 min.). A partir do estudo cinético, observou-se que a maior parte da remoção de níquel pelo MCC (92%), JOC (64%) e SCB (55%) foi alcançada em 60 minutos, pelo que estas experiências foram realizadas com um tempo de contacto de 60 minutos. Os resultados mostraram que, com o aumento da dose de adsorvente, a percentagem de adsorção de níquel aumentou e a remoção máxima foi observada com a dose de adsorvente de 7,5 g/l de JOC e MCC (Fig. 4.3.5) e 20 g/l no caso da SCB. A ordem da percentagem de remoção de crómio pelos adsorventes estudados foi a seguinte Espiga de milho> Bagaço de óleo de Jatropha> Bagaço de cana-de-açúcar.

4.3.1.4 EFEITO DA CONCENTRAÇÃO DE IÕES METÁLICOS

A remoção de níquel (II) foi estudada variando a concentração de níquel (II) (5, 10, 25, 50, 75, 100, 250 e 500 mg/l) mantendo constante a dose de adsorvente (7,5 g/l para JOC e MCC e 20g/L para SCB), a velocidade de agitação (250 rpm), o pH (7,0) e o tempo de contacto (60 min). A percentagem de remoção de níquel diminuiu com o aumento da concentração inicial de níquel (II) (Fig. 4.3.6).

À medida que a concentração de níquel na solução de ensaio foi aumentada de 5,0 para 100 mg/l, a capacidade de adsorção de SCB, MCC e JOC para o níquel (II) aumentou, respetivamente. O aumento da concentração do ião metálico aumentou a capacidade de adsorção de cada adsorvente, o que pode ser atribuído ao aumento da taxa de transferência de massa devido ao aumento da concentração da força motriz.

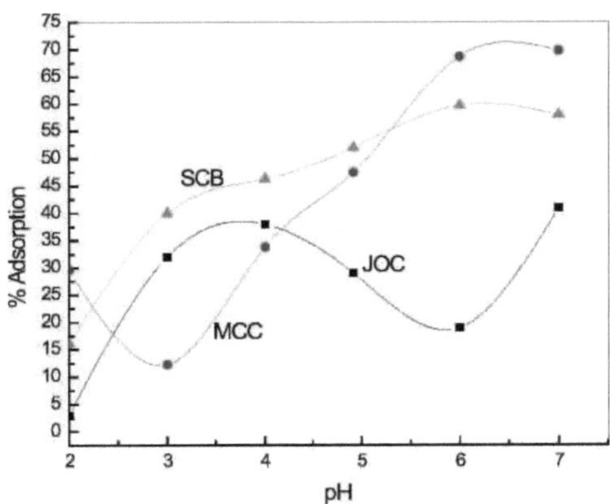

Fig: 4.3.4: Efeito do pH na remoção de níquel (II) por diferentes adsorventes (concentração de iões metálicos: 50 mg/l; pH: 6,5; velocidade de agitação: 250 rpm)

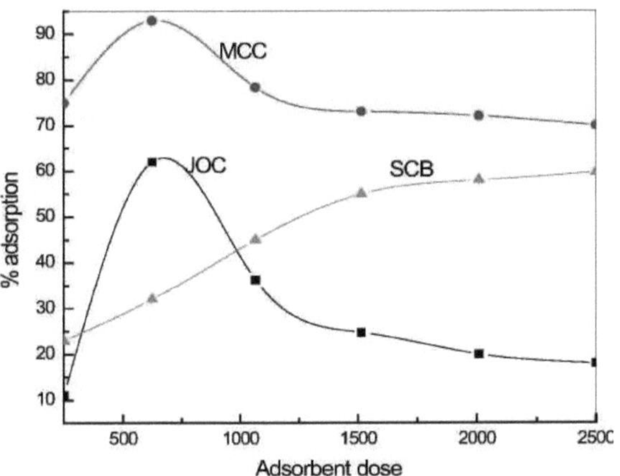

Fig: 4.3.5: Efeito da dose de adsorvente na remoção de Ni por diferentes adsorventes (concentração de iões metálicos: 50 mg/l; pH: 6,5; velocidade de agitação: 250 rpm; tempo de contacto: 60 min)

4.3.1.5 EFEITO DO TEMPO DE CONTACTO

A fim de encontrar o tempo de contacto de equilíbrio, foram realizadas experiências de adsorção variando o tempo de contacto até 03 horas. A partir dos dados experimentais, observa-se que a percentagem de adsorção aumentou com o aumento do tempo de contacto até 01 hora e, para além dessa duração, pouco mais se observou (Fig. 4.3.7). A partir da Fig. observa-se que, inicialmente, a taxa de adsorção era rápida, seguida de uma taxa mais lenta. Como se observou que o equilíbrio foi atingido em 01 hora, o resto das experiências foram efectuadas durante uma hora.

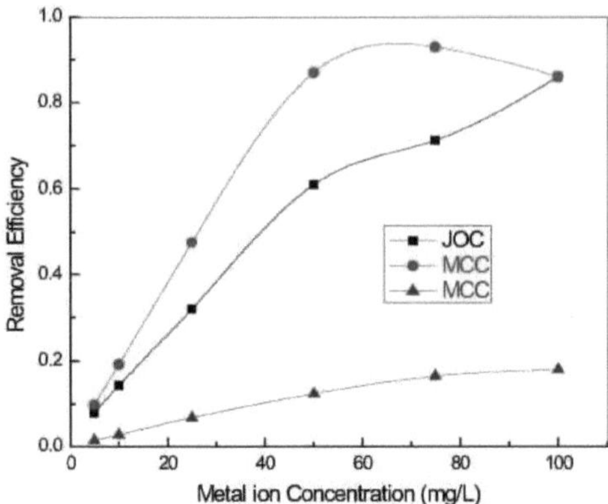

Fig: 4.3.6: Efeito da concentração de iões metálicos na eficiência de remoção de diferentes adsorventes (pH: 6,5; velocidade de agitação: 250 rpm; tempo de contacto: 60 min)

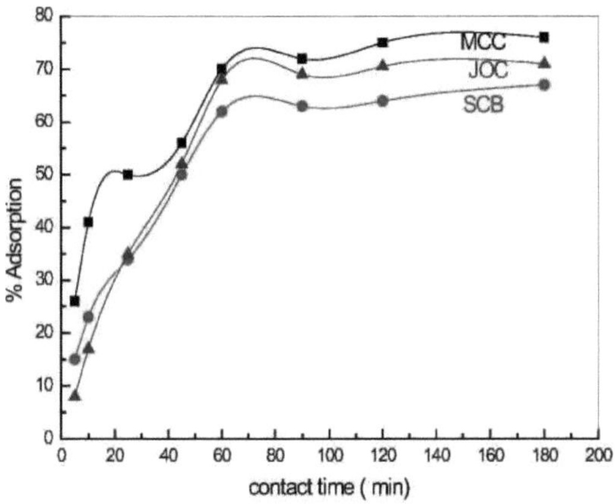

Fig: 4.3.7: Efeito do tempo de contacto dos iões metálicos na eficiência de remoção de diferentes adsorventes (concentração de iões metálicos: 50 mg/l; pH: 6,5; velocidade de agitação: 250 rpm)

4.3.2 CONCEPÇÃO EXPERIMENTAL PARA A OPTIMIZAÇÃO DOS PARÂMETROS

A otimização da remoção de níquel (II) foi realizada através de três variáveis de processo independentes escolhidas (dose de adsorvente, pH e velocidade de agitação) com seis réplicas nos pontos centrais e seis pontos em estrela, de acordo com o design CCFD (Central Composite Face-Centered). Os intervalos e os níveis das variáveis (alto e baixo) investigados nas experiências em lote são apresentados na Tabela 4.3.2

4.3.2.1 DESENHO EXPERIMENTAL E ADEQUAÇÃO DO MODELO QUADRÁTICO Os resultados de cada ensaio efectuado de acordo com o plano experimental são apresentados no Quadro 2. A aplicação da metodologia da superfície de resposta com base nas estimativas dos parâmetros indicou uma relação empírica entre a resposta e as variáveis de entrada expressa pelo seguinte modelo quadrático:

$$\% \text{ Nickel Removal} = 53.44 + 2.95A + 7.86B - 1.65C - 7.76A^2 - 4.5B^2 + 3.38C^2 - 1.52AB - 0.52\,AC + 2.28\,BC \quad 4.3$$

Em que A, B e C são três variáveis independentes

Significância de cada coeficiente presente na equação, determinada pelo teste t de student e valores p (Montgomery, 2001).

Tabela 4.3.2: Intervalo experimental e níveis das variáveis independentes Factores

		Gama e níveis (codificados)				
		-1.682	**-1**	**0**	**+1**	**+1.682**
Dose de adsorvente (mg/l)	A	159.10	500	1000	1500	1840.9
pH	B	2.48	3.5	5.0	6.5	7.52
Velocidade de agitação (rpm)	C	65.91	100	150	200	234.09

Tabela: 4.3.3: O projeto central composto para as três variáveis independentes

Variáveis

Número do ensaio	**Valores codificados das variáveis**			**Adsorção (%) (R)**
	Dose de adsorvente (A)	**pH (B)**	**Velocidade de agitação (C)**	
1	-1	-1	-1	46
2	+1	-1	-1	55
3	-1	+1	-1	60
4	+1	+1	-1	64
5	-1	-1	+1	38
6	+1	-1	+1	46
7	-1	+1	+1	62.2
8	+1	+1	+1	63
9	-1.682	0	0	25
10	+1.682	0	0	36
11	0	-1.682	0	52.33
12	**0**	**+1.682**	**0**	**78**
13	0	0	-1.682	64
14	0	0	+1.682	60

15	0	0	0	53
16	0	0	0	53.4
17	0	0	0	55
18	0	0	0	53.4
19	0	0	0	53
20	0	0	0	53.2

Os resultados do modelo quadrático para a percentagem de adsorção sob a forma de análise de variância (ANOVA) são apresentados na Tabela 4.3.4.

O valor de R^2 e de R^2 ajustado é próximo de 1,0, o que é muito elevado e indica uma correlação elevada entre os valores observados e os valores previstos. Isto significa que o modelo de regressão fornece uma excelente explicação da relação entre as variáveis independentes (factores) e a resposta (% de adsorção). O valor Prob.>F associado ao modelo é inferior a 0,05 (ou seja, a = 0,05, ou 95% de confiança), o que indica que o modelo é considerado estatisticamente significativo. O termo de falta de ajuste é não significativo, como se pretende. O valor não significativo da falta de ajuste (superior a 0,05) mostrou que o modelo quadrático era válido para o presente estudo (Haamsaveni et al., 2001).

Para investigar o efeito combinado do pH do sistema e da dose de adsorvente, foi utilizado o RSM e os resultados foram apresentados sob a forma de contornos e gráficos 3D. As Fig. 4.3.8 e 4.3.9 mostram que, com o aumento do pH, a eficiência de remoção aumenta com a dose de adsorvente. Por exemplo, a partir da Fig 4.3.8, (a pH -5,0, dose de adsorvente 500 mg) a eficiência de remoção foi de 48%, que aumentou para 65% com pH 6,0 e dose de adsorvente 1000 mg. O valor ótimo de ambos os factores, ou seja, pH e dose de adsorvente, pode ser analisado através do ponto de sela ou verificando os máximos formados pelas coordenadas X e Y.

As figuras 4.3.10 e 4.3.11 mostram o efeito da velocidade de agitação na percentagem de adsorção de iões metálicos de níquel nas condições predefinidas pelo Design Expert Versão 6.0.10. Os gráficos mostram que a adsorção máxima ocorre nas condições de agitação média (150 rpm) a pH 7,52, o que está de acordo com o modelo.

Tabela 4.3.4: Análise de variância (ANOVA) para o modelo quadrático de adsorção de níquel

Fontes de variação	Soma de Quadrados	DF	Quadrado médio	F -Valor	Probabilidade > F
Modelo	2531.81	09	281.31	164.53	<0.0001
Residual	17.10	10	1.71		
Falta de ajuste	14.24	05	2.85	4,98(NS)	0.0514
Puro erro	2.86	05	0.57		
Total	2548.90	19			

$R^2 = 0,9933$; CV = 24,4%: DF = Grau de liberdade

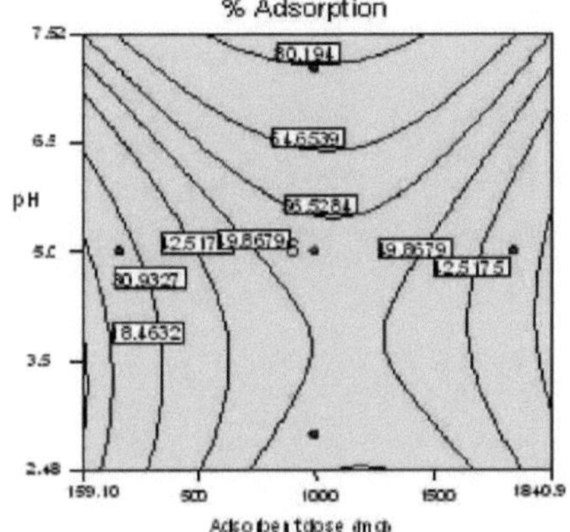

Fig 4.3.8: Gráfico de contorno que mostra o efeito da dose de adsorvente e do pH na percentagem de adsorção de iões de níquel (II)

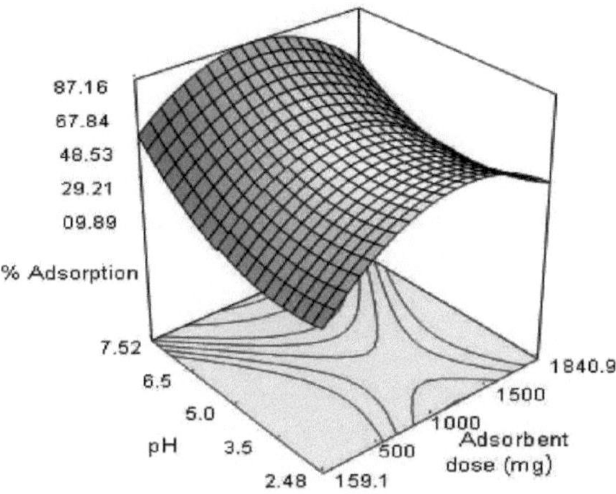

Fig 4.3.9: Gráfico 3D que mostra o efeito da dose de adsorvente e do pH na percentagem de adsorção de iões de níquel (II)

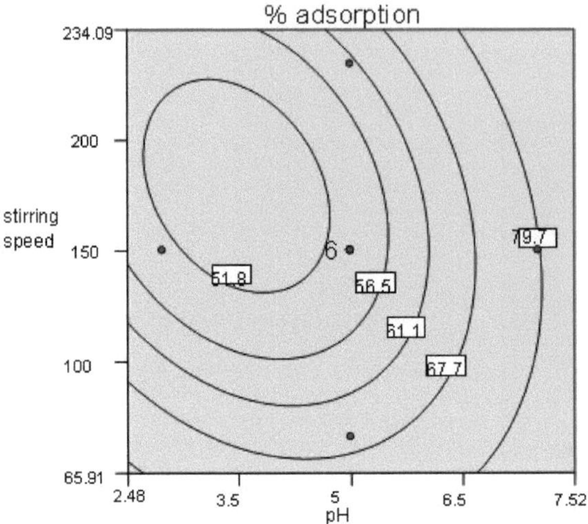

Fig 4.3.10: Gráfico de contorno que mostra o efeito da velocidade de agitação e do pH na percentagem de adsorção de iões de níquel (II)

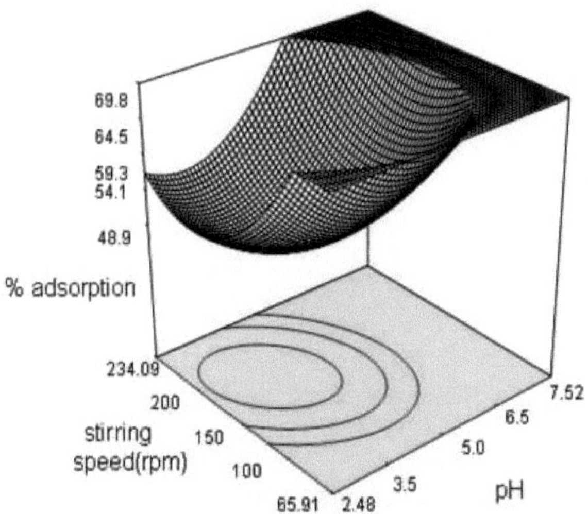

Fig 4.3.11: Gráfico 3D que mostra o efeito da velocidade de agitação e do pH na percentagem de adsorção de iões de níquel (II)

O efeito combinado da velocidade de agitação e da dose de adsorvente foi analisado a partir do CCFD e estimou-se que os pontos de máximo para a velocidade de agitação e a dose de adsorvente se situam a 150 rpm e 1000 mg, respetivamente. As Figs. 4.3.11 e 4.3.12 mostram que a velocidade de agitação tem um impacto mínimo de todos os três parâmetros, uma vez que foram encontrados dois máximos no caso da velocidade de agitação, pelo que, a partir dos gráficos de contorno e dos gráficos 3-D , o valor ótimo da velocidade de agitação foi encontrado a 150 rpm.

4.3.2.2 EXPERIÊNCIAS DE CONFIRMAÇÃO

Além disso, para apoiar os dados optimizados fornecidos pela modelação numérica em condições optimizadas, as experiências de confirmação foram realizadas com os parâmetros sugeridos pelo modelo (pH 6,5, dose de adsorvente de 1500 mg e velocidade de agitação de 200 rpm) e a eficiência de remoção foi de 79% (Tabela: 4.3.5). O efeito do pH, da velocidade de agitação e da dose de adsorção também foi estudado para apoiar os resultados e os dados estão de acordo com os resultados obtidos nas condições optimizadas.

Foram também analisados outros estudos sobre a cinética de adsorção do sistema e o efeito da concentração de iões metálicos na eficiência de remoção, tendo-se verificado que os resultados estão de acordo com o modelo sugerido pelo software RSM.

4.3.2.3 LOTE DE VALOR ACTUAL Vs PREVISTO

A Fig. 4.3.14 representa a diferença entre os valores reais e os valores previstos pelo modelo. É evidente que não existe diferença entre os valores reais e os valores previstos e que os dados representam verdadeiramente o modelo.

4.3.2.4 : TRATAMENTO DE EFLUENTES CONTENDO NÍQUEL (II)

As caraterísticas das amostras de efluentes (média) das indústrias de niquelagem são apresentadas na Tabela: 4.3.6. As amostras de efluentes foram tratadas com biossorventes de Maize Corncobs em condições optimizadas a partir de uma solução simulada. 100 ml da amostra, após diluição, foram tratados com 750 mg de biossorventes a pH: 6,5; velocidade de agitação: 250 rpm; tempo de contacto: 60 min. A concentração residual de iões metálicos na amostra tratada foi medida. O resultado indica a remoção completa do níquel (II) das amostras de efluentes.

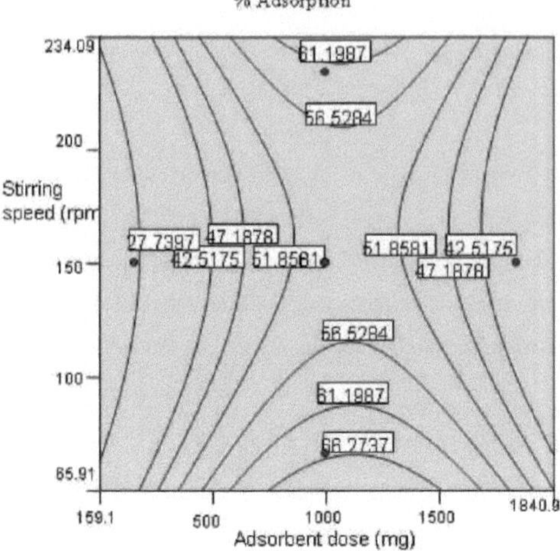

Fig: 4.3.12: Gráfico de contorno mostrando o efeito da velocidade de agitação e da dose de adsorvente na percentagem de adsorção de iões de níquel (II)

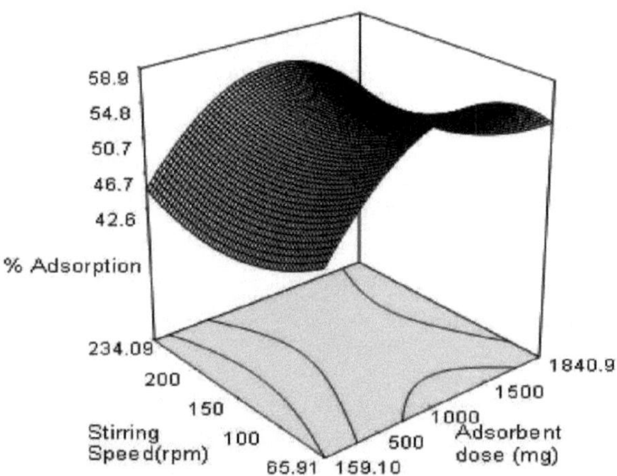

Fig: 4.3.13: Gráfico 3D que mostra o efeito da velocidade de agitação e da dose de adsorvente na percentagem de adsorção de iões de níquel (II)

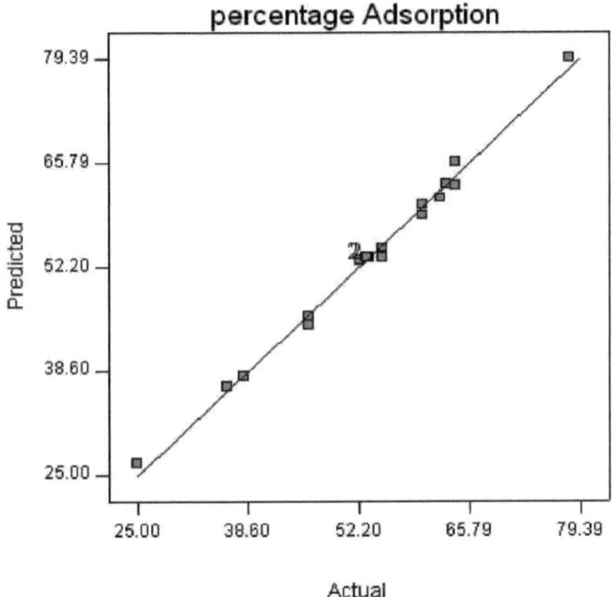

Fig: 4.3.14: Gráfico do valor real versus o valor previsto

Tabela 4.3.5: Condições óptimas de adsorção de níquel do modelo

Parâmetros Resposta	Adsorvente	Dose de pH	velocidade de agitação	
Parâmetros (fornecidos pelo modelo)	1000	7.52	150	78 %
Solução sugerida	1500	6.5	200	84%
Resultados reais obtidos após as experiências de confirmação	1500	6.5	200	79%

Tabela: 4.3.6: Caraterísticas das amostras de efluentes (média)

Caraterísticas das amostras de efluentes (média)

Concentração de iões de níquel	15,0mg/l
CBO (mg/l)	4.0
CQO (mg/l)	800
Teor de cloreto	2414 mg/l
Condutividade	1.18mS

pH	7.40
Cor	Branco

4.4 BIOSSORÇÃO DE ZINCO (II) POR RESÍDUOS AGRÍCOLAS

O zinco entra no ambiente a partir do fluxo de águas residuais de indústrias como a metalúrgica, a química, os processos de fabrico de pasta de papel e papel, as siderurgias com linhas de galvanização, as metalurgias de zinco e latão, a galvanização de zinco e latão, a produção de fios e fibras de rayon viscose, etc. O zinco encontra-se na natureza sob a forma de sulfureto, carbonato, silicato e óxido. A OMS recomendou que a concentração máxima aceitável de zinco na água potável fosse de 5,0 mg/l (Dinesh Mohan et al., 2002). Mesmo uma dose aguda deste metal pesado provoca uma inflamação gastrointestinal grave e danos no fígado e nos rins, tonturas, sede intensa, dores abdominais, vómitos e choque.

Foram selecionados biossorventes como o bagaço de cana-de-açúcar (SCB), o bagaço de óleo de Jatropha (JOC) e a espiga de milho (MCC) para a remoção do metal tóxico como o zinco (II).

4.4.1 EXPERIÊNCIAS EM LOTE

Foram realizadas experiências em lote com 100 ml de solução de zinco (II) de 50 mg/l, variando o pH (2-7), a dose de adsorvente (250-2000 mg) e a velocidade de agitação (50-250 rpm) durante um tempo de contacto de 60 min. A concentração residual de zinco foi medida utilizando um espetrofotómetro de absorção atómica.

4.4.2 EFEITO DO pH

A absorção de zinco (II) em função da concentração de iões de hidrogénio foi examinada numa gama de pH de 2-8. Verificou-se que a eficiência da remoção é altamente dependente da concentração de iões de hidrogénio presentes na solução. O efeito do pH na eficiência de adsorção é mostrado na Fig. 4.4.1. A remoção máxima de Zinco (II) foi obtida a pH 6,5. Para SCB, JOC e MCC com uma concentração inicial de 50 mg/l de Zinco (II), foram obtidos 95%, 88% e 92% de eficiência de remoção a um valor de pH de 6,5. Assim, o pH 6,5 foi considerado o pH ótimo para estudos posteriores. O efeito do pH pode ser explicado tendo em conta a carga superficial do material adsorvente. A um pH baixo, devido à elevada densidade de carga positiva provocada pelos protões nos locais da superfície, a repulsão eletrostática será elevada durante a absorção dos iões metálicos, resultando numa menor eficiência de remoção. Com o aumento do pH, a repulsão eletrostática diminui devido à redução da densidade de carga positiva nos locais de adsorção, o que resulta num aumento da adsorção de metais. O facto acima referido, relacionado com o efeito do pH na adsorção, é também corroborado por vários trabalhadores anteriores.

4.4.1.2 EFEITO DA CONCENTRAÇÃO INICIAL DE IÕES METÁLICOS

A eficiência da remoção de Zn(II) é afetada pela concentração inicial de iões metálicos, com percentagens de remoção decrescentes à medida que a concentração aumenta de 05 para 250 mg/l a um pH constante de 6,5 (Fig. 4.4.2). O nível de dosagem do adsorvente manteve-se em 20 g/l para todos os adsorventes considerados para estudo. Este efeito pode ser explicado da seguinte forma: a baixos rácios ião metálico/adsorvente, a adsorção de iões metálicos envolve sítios de maior energia. À medida que a relação ião metálico/adsorvente aumenta, os locais de maior energia ficam saturados e a adsorção começa nos locais de menor energia, o que resulta numa diminuição da eficiência de adsorção.

4.4.1.3 EFEITO DO TEMPO DE CONTACTO

Os ensaios experimentais que medem o efeito do tempo de contacto na adsorção de 50 mg/l de Zinco (II) a 30^{0}C e a um pH inicial de 6,5 são apresentados na Fig. 4.4.3. É óbvio que o aumento do tempo de contacto de 10 min para 2,0 h aumentou significativamente a percentagem de remoção de Zinco (II). A rápida adsorção inicial dá lugar a uma aproximação muito lenta ao equilíbrio. A natureza do adsorvente e os seus locais de adsorção disponíveis afectaram o tempo necessário para atingir o equilíbrio. A adsorção máxima foi atingida em 60 minutos, após o que se observou uma alteração muito pequena na adsorção. Assim, todas as experiências foram conduzidas para um tempo de contacto de uma hora.

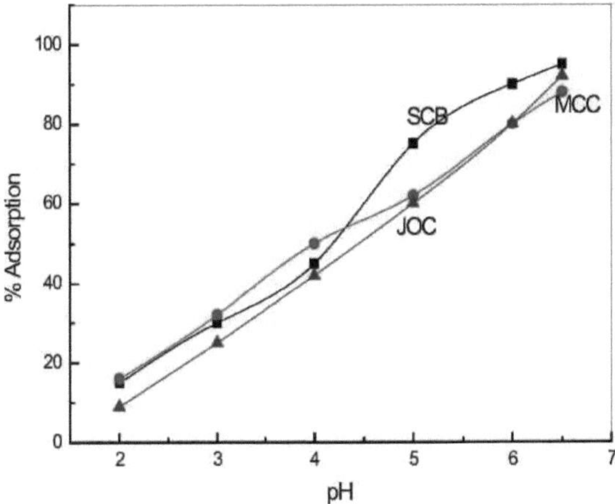

Fig: 4.4.1: Efeito do pH na adsorção de zinco (II) por todos os biossorventes (Zinco (II): 50ppm; Dose de adsorvente: 2000mg; Tempo de contacto: 60 min; Velocidade de agitação: 250 rpm)

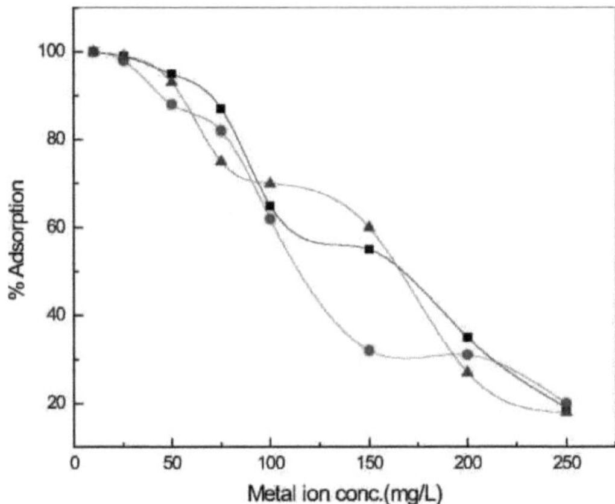

Fig: 4.4.2: Efeito da concentração de iões metálicos na adsorção de zinco (II) por todos biossorventes (dose de adsorvente: 2000mg; tempo de contacto: 60 min; velocidade de agitação: 250 rpm)

4.4.1.4 EFEITO DA DOSE DE ADSORVENTE

O efeito da concentração do adsorvente está representado na Fig. 4.4.4. Os adsorventes selecionados (bagaço de cana-de-açúcar, bagaço de óleo de pinhão-manso e carolo de milho) foram utilizados em concentrações que variaram entre 2,5 e 25 g/l numa técnica de adsorção em lote. Em cada caso, o aumento da concentração de adsorvente resultou num aumento da percentagem de remoção de Zinco (II). Após uma determinada dosagem de adsorvente, a eficiência de remoção não aumenta de forma tão significativa. É evidente que, para todos os adsorventes, a eficiência máxima de remoção foi alcançada a um nível de dosagem de adsorvente de 20 g/l. Por conseguinte, para as experiências seguintes, a dose de adsorvente foi fixada em 20 g/l. A variação das capacidades de adsorção entre os vários adsorventes pode estar relacionada com o tipo e a concentração do grupo de superfície responsável pela adsorção dos iões metálicos da solução. Com o aumento da dosagem de adsorvente, mais área de superfície fica disponível para adsorção devido ao aumento dos sítios activos no adsorvente.

4.4.1.5 EFEITO DA VELOCIDADE DE AGITAÇÃO

É necessária uma agitação adequada para o contacto apropriado das soluções sintéticas carregadas de metais com os biossorventes. Para verificar o efeito da velocidade de agitação na capacidade de sequestração dos biossorventes, a resina misturada com a solução foi agitada mecanicamente de 50 rpm a 250 rpm. Como se mostra na Fig. 4.4.5, a remoção máxima foi observada a 250 rpm para os três metais pesados, uma vez que a densidade das resinas é maior, pelo que geralmente não entram em contacto com a solução aquosa a baixa velocidade de agitação em experiências à escala de lote.

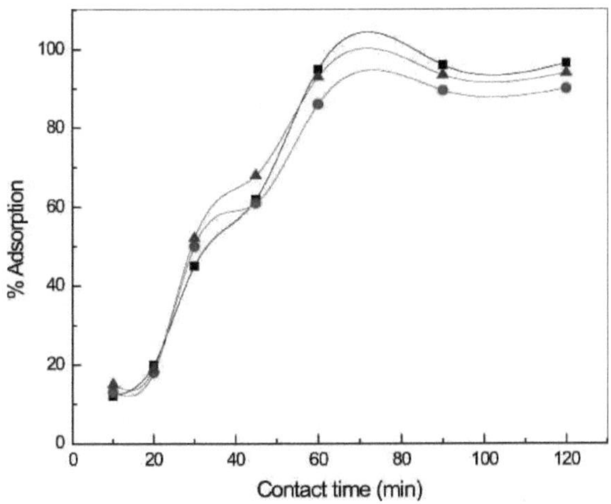

Fig: 4.4.3: Efeito do Tempo de Contacto na Biossorção de Zinco (II) por todos os Biossorventes (Zinco (II): 50ppm; Dose de adsorvente: 2000mg; pH: 6,5; Velocidade de agitação: 250 rpm)

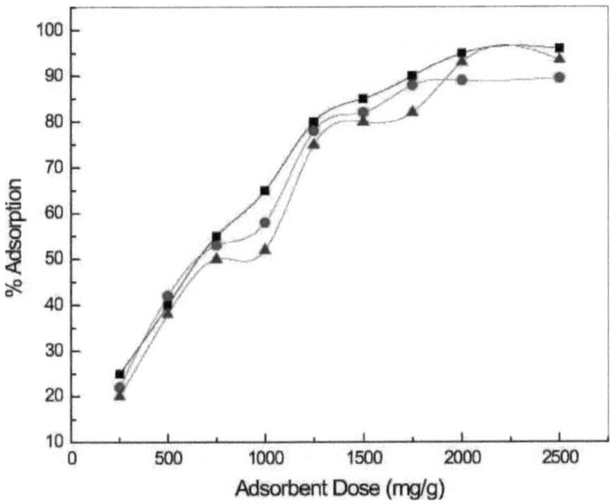

Fig: 4.4.4: Efeito da Dose de Adsorvente na Biossorção de Zinco (II) por todos os Biossorventes (Zinco (II): 50ppm; pH: 6,5; Velocidade de agitação: 250 rpm; Tempo de contacto: 60 min)

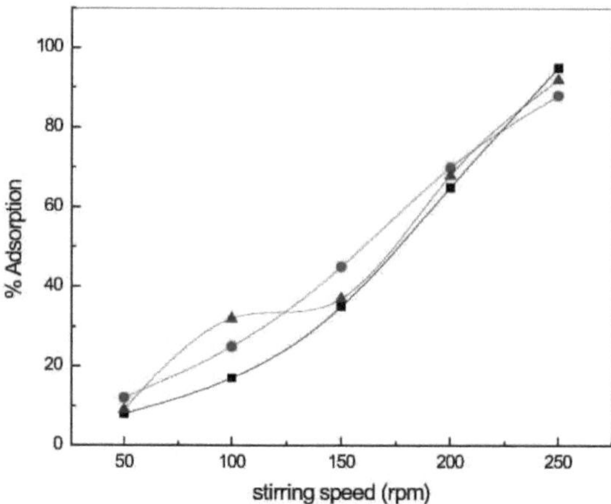

Fig: 4.4.5: Efeito da velocidade de agitação na biossorção de zinco (II) por todos os biossorventes (Zinco (II): 50ppm; Dose de adsorvente: 2000mg; pH: 6,5; Tempo de contacto: 60 min)

4.4.2 DESENHO EXPERIMENTAL PARA OPTIMIZAÇÃO DOS PARÂMETROS PARA BIOSSORÇÃO DE ZINCO (II)

A otimização da remoção de zinco (II) foi realizada através de três variáveis de processo independentes escolhidas (dose de adsorvente, pH e velocidade de agitação) com seis réplicas nos pontos centrais e seis pontos em estrela, de acordo com o design CCFD (Central Composite Face-Centered). Os intervalos e os níveis das variáveis (alto e baixo) investigados nas experiências em lote são apresentados na Tabela 4.4.1

Conceção experimental e ajuste do modelo quadrático

Os resultados de cada ensaio efectuado de acordo com o plano experimental são apresentados no Quadro 2. A aplicação da metodologia da superfície de resposta com base nas estimativas dos parâmetros indicou uma relação empírica entre a resposta e as variáveis de entrada expressa pelo seguinte modelo quadrático:

% de remoção de SCB com zinco (II) = $45{,}26 + 19{,}59A + 14{,}71B + 6{,}44C - 1{,}54A^2 - 2{,}05B^2 - 1{,}27C^2 + 7{,}00AB + 9{,}55AC - 3{,}35BC$

% de remoção de MCC com Zinco (II) = $42{,}29 + 18{,}92A + 14{,}11B + 6{,}04C - 1{,}07A^2 - 1{,}11B^2 - 1{,}14C^2 + 5{,}25AB + 7{,}88\,AC - 2{,}65BC$

% de remoção de JOC com Zinco (II) = $45{,}34 + 19{,}14A + 14{,}45B + 6{,}09C - 0{,}88A^2 - 1{,}17B^2 - 0{,}68C^2 + 5{,}33A\ 8{,}17AC - 2{,}96\,BC$

Onde A, B e C são três variáveis independentes. Os resultados do modelo quadrático para a percentagem de adsorção sob a forma de análise de variância (ANOVA) são apresentados na Tabela: 4.4.3. O valor de R^2 e de R^2 ajustado para todos os biossorventes é próximo de 1,0, o que é muito elevado e indica uma correlação elevada entre os valores observados e os valores previstos. Isto significa que o modelo de regressão fornece uma excelente explicação da relação entre as variáveis independentes (factores) e a resposta (% de adsorção).

Tabela 4.4.1: Intervalo experimental e níveis das variáveis independentes

Factores		Gama e níveis (codificados)				
		-1.682	**-1**	**0**	**+1**	**+1.682**
Dose de adsorvente (mg/l)	A	159.10	500	1000	1500	1840.9
pH	B	2.48	3.5	5.0	6.5	7.52
Velocidade de agitação (rpm)	C	65.91	100	150	200	234.09

Tabela: 4.4.2 Desenho composto central para as três variáveis independentes

Dose	**pH**	**rpm**	**SCB**	**JOC**	**MCC**
2000.00	3.60	100.00	19.38	21.5	25.0
1250.00	5.05	175.00	46	42	44.5
1250.00	5.05	175.00	45	42	46.0
1250.00	5.05	48.87	31.07	29	33.1
500.00	3.60	100.00	12	11	14.0
500.00	3.60	250.00	13.74	12.5	15.7
1250.00	5.05	301.13	52.5	49	54.2
500.00	6.50	250.00	21.45	25	27.0
1250.00	5.05	175.00	45	42	44.0
11.34	5.05	175.00	9	7	11.0
1250.00	7.49	175.00	64.17	63	67.5
500.00	6.50	100.00	35.4	33.6	37.5
2000.00	6.50	250.00	95	88	92.0
2511.34	5.05	175.00	73.8	72	75.8
1250.00	5.05	175.00	45.5	42.2	46.0
1250.00	5.05	175.00	45	43	45.5
1250.00	2.61	175.00	15	15.16	17.0

2000.00	6.50	100.00	68.45	65.59	69.5
2000.00	3.60	250.00	57	55	59.0
1250.00	5.05	175.00	45	42.6	46.0

Tabela: 4.4.3: Análise de Variância (ANOVA) para o Modelo Quadrático de Adsorção de Zinco (II)

ANÁLISE DE VARIÂNCIA

	Soma de	Média		F	
Fonte	Quadrados	DF	Quadrado	Valor	Prob F>
SCB					
Modelo	10020.53	9	1113.39	2833.88	<0.0001 S
Falta de ajuste	3.05	5	0.61	3.49	0,0982 NS
MCC					
Modelo	8878.11	9	986.462072.37		<0.0001 S
Falta de ajuste	3.90	5	0.78	4.53	0,0613 NS
JOC					
Modelo	9180.92	9	1020.10	1157.77	<0.0001 S
Falta de ajuste	4.98	5	1.00	1.30	0,3907 NS

O valor Prob.>F associado ao modelo é inferior a 0,05 (ou seja, α = 0,05, ou 95% de confiança), o que indica que o modelo é considerado estatisticamente significativo. O valor não significativo da falta de ajuste (superior a 0,05) mostrou que o modelo quadrático era válido para o presente estudo.

4.4.2.1 EFEITO DO pH E DA DOSE DE ADSORVENTE

Para investigar o efeito combinado do pH do sistema e da dose de adsorvente, foi utilizado o RSM e os resultados foram apresentados sob a forma de contornos e gráficos 3D. As Figuras 4.4.6, 4.4.7, 4.4.8, 4.4.9, 4.4.10 e 4.4.11 mostram que, com o aumento do pH, a eficiência de remoção aumenta com a dose de adsorvente. Por exemplo, nas figuras (a pH -6,5, dose de adsorvente 2000 mg), a eficiência de remoção foi de 95 %, 88 % e 92 % no caso do SCB, JOC e MCC.

4.4.2.2 EFEITO DA VELOCIDADE DE ESTIRAGEM E DO pH

As Figs. 4.4.12, 4.4.13, 4.4.14, 4.4.15, 4.4.16 e 4.4.17 mostram o efeito da velocidade de agitação na percentagem de adsorção de iões metálicos de níquel nas condições predefinidas pelo Design Expert Versão 6.0.10. Os gráficos mostram que a adsorção máxima ocorre nas condições de agitação média (250 rpm) a pH 6,5, o que está de acordo com o modelo.

4.4.2.3 EFEITO DA VELOCIDADE DE AGITAÇÃO E DA DOSE DE ADSORVENTE

O efeito combinado da velocidade de agitação e da dose de adsorvente foi analisado a partir do CCFD e estimou-se que os pontos de máximo para a velocidade de agitação e a dose de adsorvente se situam a 250 rpm e 2000 mg, respetivamente. As Figs. 4.4.18, 4.4.19, 4.4.20, 4.4.21, 4.4.22 e 4.4.23 mostram que a velocidade de agitação tem um impacto mínimo de todos os três parâmetros, uma vez que foram encontrados dois máximos no caso da velocidade de agitação. A partir dos gráficos de contorno e dos gráficos 3-D, o valor ótimo da velocidade de agitação foi encontrado a 150 rpm.

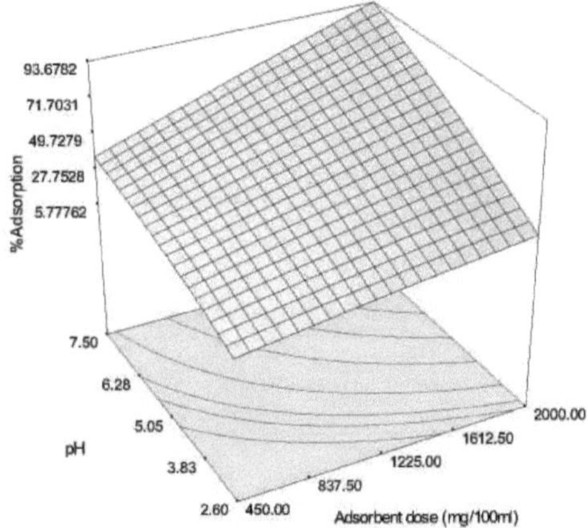

Fig: 4.4.6: Gráficos 3-D mostrando o efeito do pH e da dose de adsorvente na remoção de zinco (II) com JOC

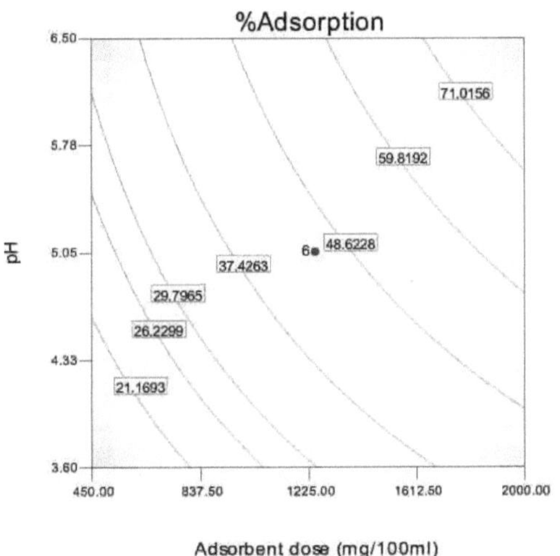

Fig: 4.4.7: Gráficos de contorno mostrando o efeito do pH e da dose de adsorvente na remoção de

zinco (II) com JOC

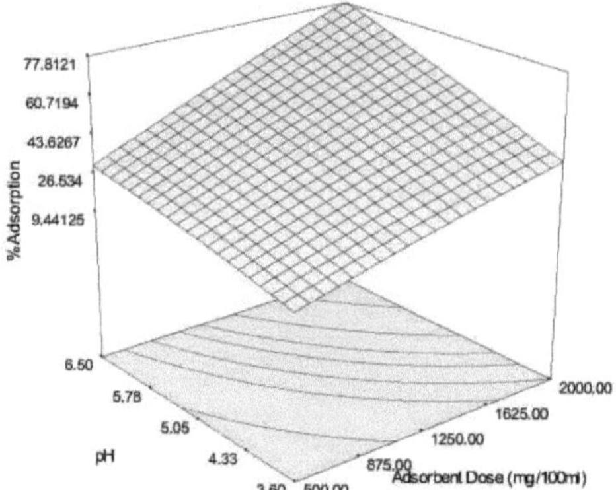

Fig: 4.4.8: Gráficos 3-D mostrando o efeito do pH e da dose de adsorvente na remoção de zinco (II) com MCC

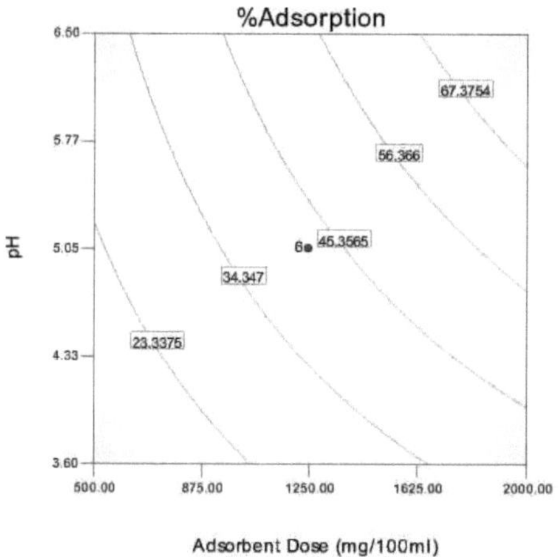

Fig: 4.4.9: Gráficos de contorno mostrando o efeito do pH e da dose de adsorvente na remoção de zinco (II) com MCC

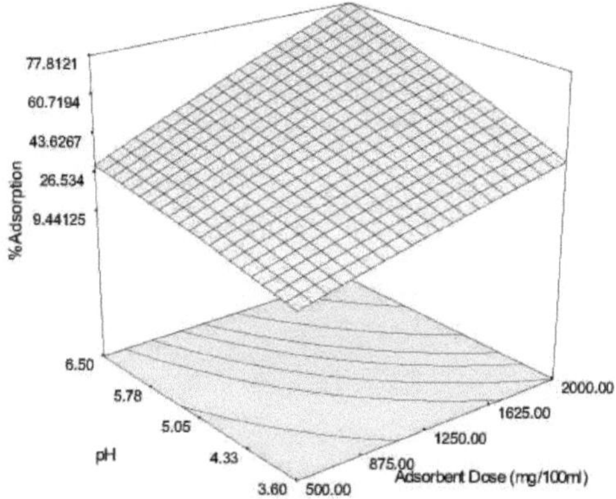

Fig: 4.4.10: Gráficos 3-D mostrando o efeito do pH e da dose de adsorvente na remoção de zinco (II) com SCB

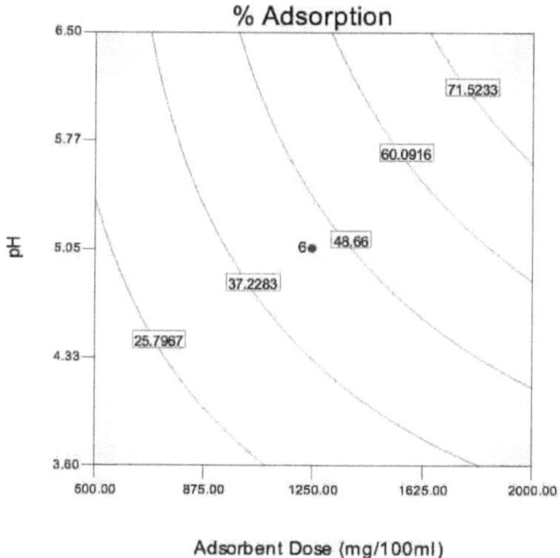

Fig: 4.4.11: Gráficos de contorno mostrando o efeito do pH e da dose de adsorvente na remoção de zinco (II) com SCB

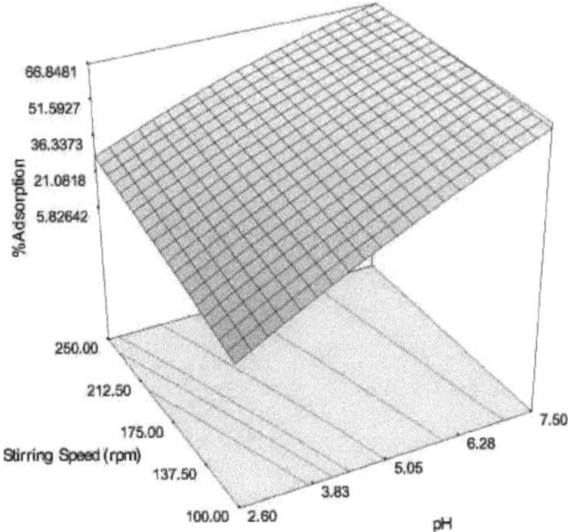

Fig: 4.4.12: Gráficos 3-D mostrando o efeito do pH e da velocidade de agitação na remoção de zinco (II) com JOC

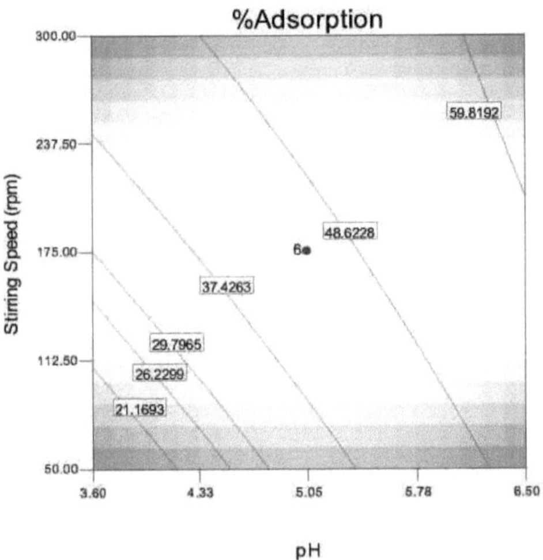

Fig: 4.4.13: Gráfico de contorno que mostra o efeito do pH e da velocidade de agitação na remoção de zinco (II) com JOC

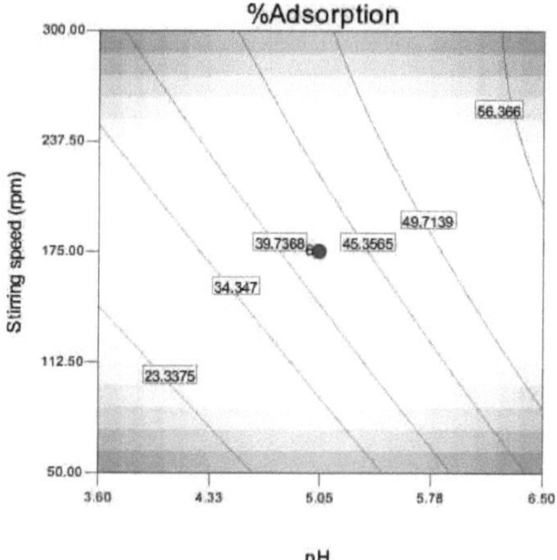

Fig: 4.4.14: Gráficos de contorno mostrando o efeito do pH e da velocidade de agitação na remoção de zinco (II) com MCC

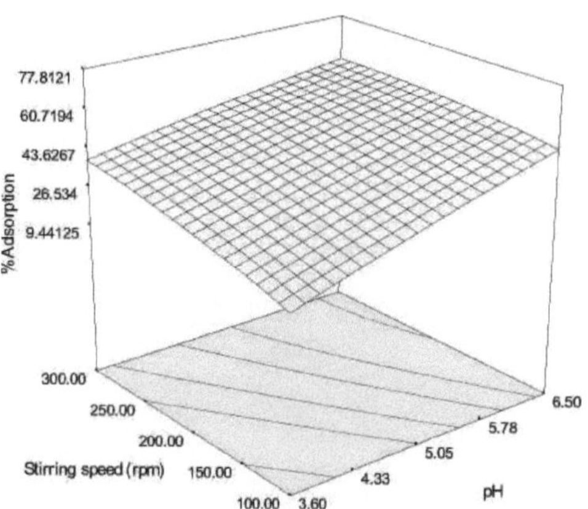

Fig: 4.4.15: Gráfico 3-D mostrando o efeito do pH e da velocidade de agitação na remoção de zinco (II) com MCC

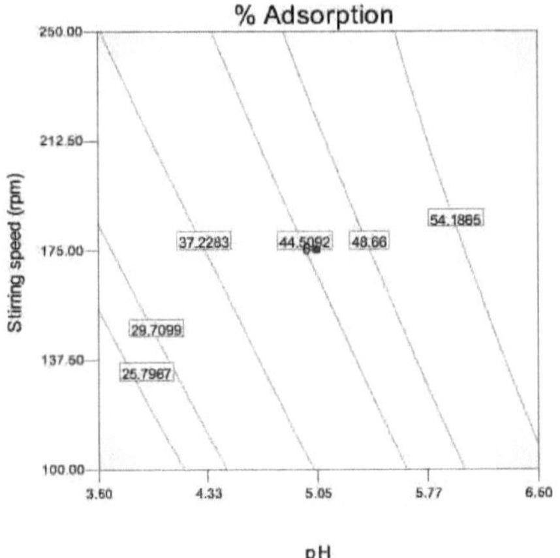

Fig: 4.4.16: Gráficos de contorno mostrando o efeito do pH e da velocidade de agitação na remoção de zinco (II) com SCB

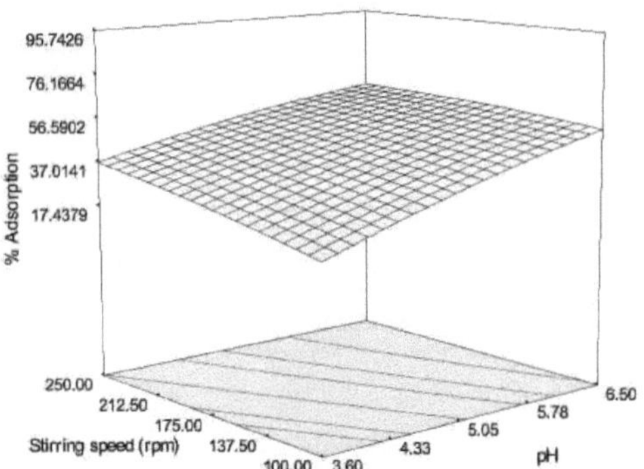

Fig: 4.4.17: Gráficos 3-D mostrando o efeito do pH e da velocidade de agitação na remoção de zinco (II) com SCB

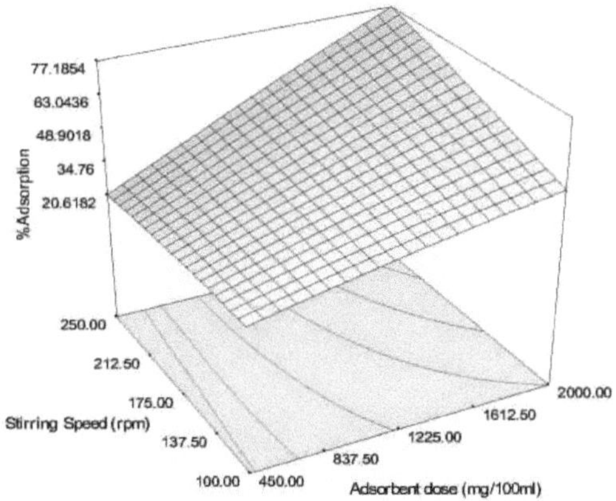

Fig: 4.4.18: 3-D mostrando o efeito da dose de adsorvente e da velocidade de agitação na remoção de zinco (II) com JOC

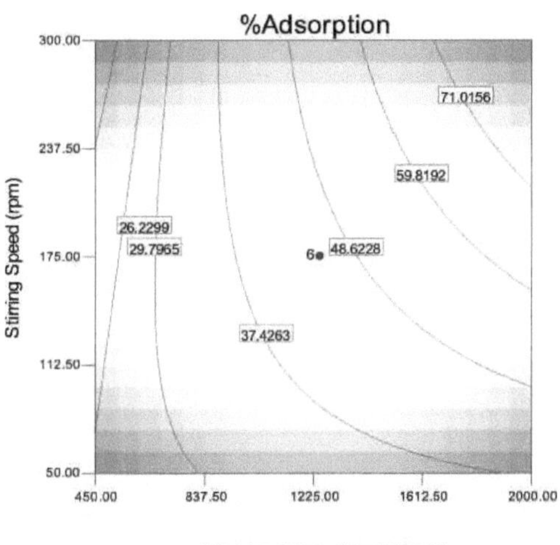

Fig: 4.4.19: Gráficos de contorno mostrando o efeito da dose de adsorvente e da velocidade de agitação na remoção de zinco (II) com JOC

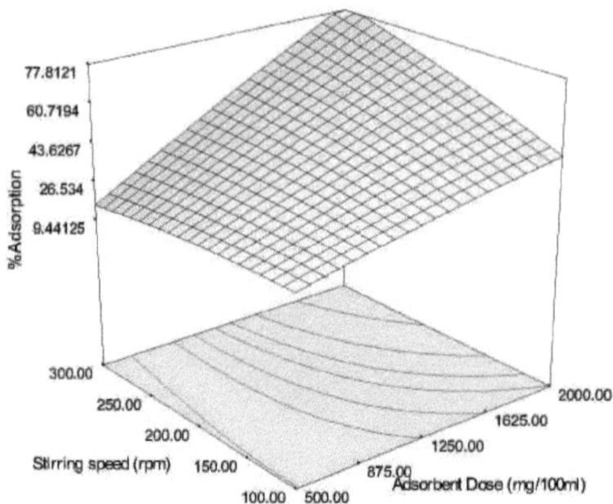

Fig: 4.4.20: 3-D mostrando o efeito da dose de adsorvente e da velocidade de agitação na remoção de zinco (II) com MCC

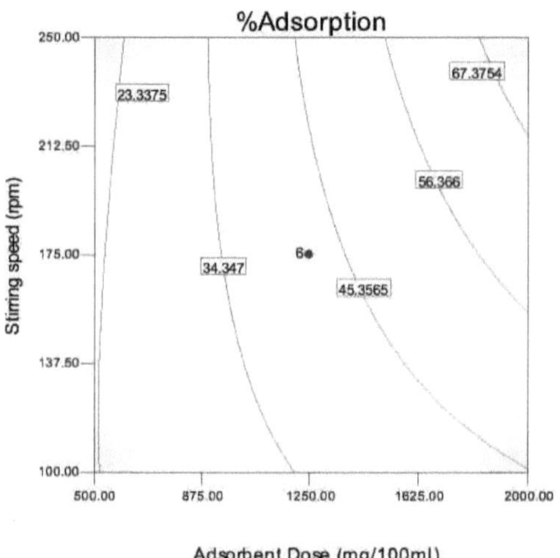

Fig: 4.4.21: Gráficos de contorno mostrando o efeito da dose de adsorvente e da velocidade de agitação na remoção de zinco (II) com MCC

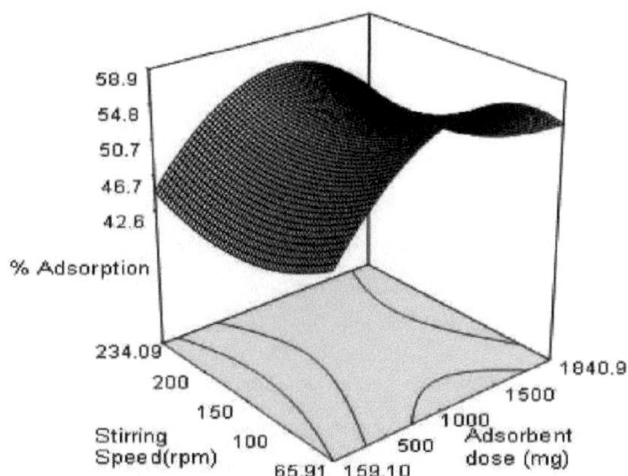

Fig: 4.4.22: 3-D mostrando o efeito da dose de adsorvente e da velocidade de agitação na remoção de zinco (II) com SCB

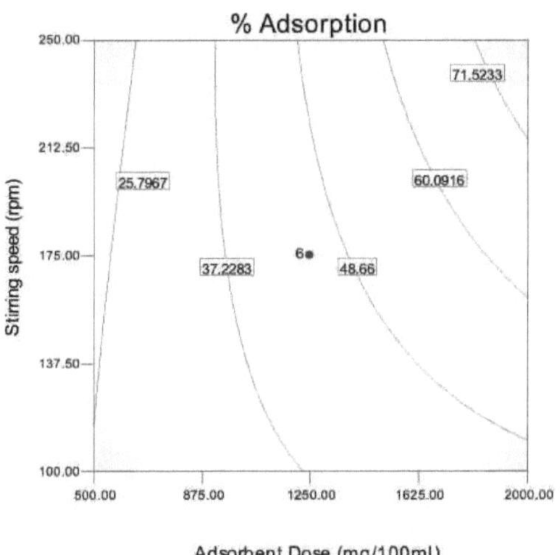

Fig: 4.4.23: Gráficos de contorno mostrando o efeito da dose de adsorvente e da velocidade de agitação na remoção de zinco (II) com SCB

4.5 BIOSSORÇÃO DE CÁDMIO POR RESÍDUOS AGRÍCOLAS

A principal via antropogénica através da qual o cádmio (II) entra nas massas de água é através dos resíduos de processos industriais como a galvanoplastia, o fabrico de plásticos, os processos metalúrgicos e as indústrias de pigmentos e baterias de Cd/Ni. Os limites admissíveis de cádmio para a descarga de águas residuais e de água potável são de 0,1 e 0,05 mg/l, respetivamente.

No presente estudo, a remoção de iões de cádmio por bagaço de cana-de-açúcar, bagaço de óleo de pinhão-manso e espiga de milho foi estudada em diferentes condições experimentais. Foram investigados os parâmetros que afectam o processo de adsorção, tais como a concentração inicial de iões metálicos, o pH e a dose de adsorvente.

4.5.1 EXPERIÊNCIAS DE ADSORÇÃO

Foram realizadas experiências em lote com 100 ml de solução de cádmio (II) com uma concentração de 50 mg/l, variando o pH (2-7), a dose de adsorvente (250-2000 mg) e a velocidade de agitação (50-250 rpm) durante um tempo de contacto de 60 minutos. A concentração residual de cádmio foi medida utilizando um medidor seletivo de iões

Os espectros FTIR de SCB, MCC e JOC antes e depois da sorção de cádmio foram traçados para determinar as alterações de frequência de vibração nos grupos funcionais nos adsorventes. Observou-se que o pico de absorção da banda O-H se deslocou para 3365,5 cm^{-1} quando a SCB foi carregada com cádmio (II) (Fig. 4.5.1). Parece que este grupo funcional participa na ligação do metal. No entanto, no caso do JOC carregado com cádmio (II), há uma mudança notável nas posições e formas dos picos dos grupos -OH e C=O, indicando que o cádmio (II) se liga principalmente aos grupos -OH e C=O. Do mesmo modo, os modos de flexão dos aromáticos também se deslocaram, o que indica uma associação com o anel aromático (Fig. 4.5.2). No caso do MCC, a maior deslocação foi apenas dos modos de estiramento -OH de 3403 para 3358 cm^{-1}, indicando o envolvimento de grupos -OH na ligação ao cádmio (Fig. 4.5.3). A possível adsorção nestes adsorventes pode dever-se a adsorção física, complexação com grupos funcionais, troca iónica, precipitações superficiais e reação química com sítios superficiais. As alterações nos espectros FTIR confirmam a complexação do cádmio (II) com grupos funcionais presentes nos adsorventes. (Tabela 4.5.1)

4.5.1.1 EFEITO DO pH

O pH do meio tem um efeito significativo na sorção de adsorvatos em diferentes adsorventes. Isto deve-se, em parte, ao facto de o próprio ião hidrogénio ser um forte adsorvente concorrente e, em parte, à especiação química dos iões metálicos sob a influência do pH da solução. A adsorção de iões metálicos depende tanto da natureza da superfície do adsorvente como da distribuição das espécies dos iões metálicos na solução aquosa. Sabe-se que as espécies de cádmio estão presentes na água desionizada sob as formas de Cd^{2+}, $Cd(OH)^+$, $Cd(OH)_2$, $Cd(OH)_{2(S)}$, etc. A concentração das espécies de cádmio hidrolisadas depende da concentração de cádmio e do pH da solução.

$$Cd(II) + H_2O \Leftrightarrow Cd(OH)^+ H^+, \qquad pK_1 = 7.9 \qquad 4.5.1$$

$$Cd(OH)^+ + H_2O \Leftrightarrow Cd(OH)_2 + H^+, \qquad pK_2 = 10.6 \qquad 4.5.2$$

$$Cd(OH)_2 + H_2O \Leftrightarrow Cd(OH)_3^- + H^+, \qquad pK_3 = 14.3 \qquad 4.5.3$$

Tabela: 4.5.1: Picos fundamentais de todos os adsorventes antes e depois da utilização

Adsorventes	O-H	C-H	C=O	$-CH_3$	Vibrações de flexão
SCB (Nativo)	3407.9	2922.1	1727.6	1051.2	609.8 & 832.6
SCB-Cádmio (II)	3365.5	2903.9	1732.8	1051.1	606.8
JOC (Nativo)	3307.2 (Ampla)	2925.4	1742.0	1054.5	613.0
JOC-Cádmio (II)	3286.4	2926.6	1656.9	1059.8	615.6
MCC (Nativo)	3403.9	2923.9	1728.5	1043.1	605.9
MCC-Cádmio (II)	3358.9	2922.3	1635.9	1042.0	611.9

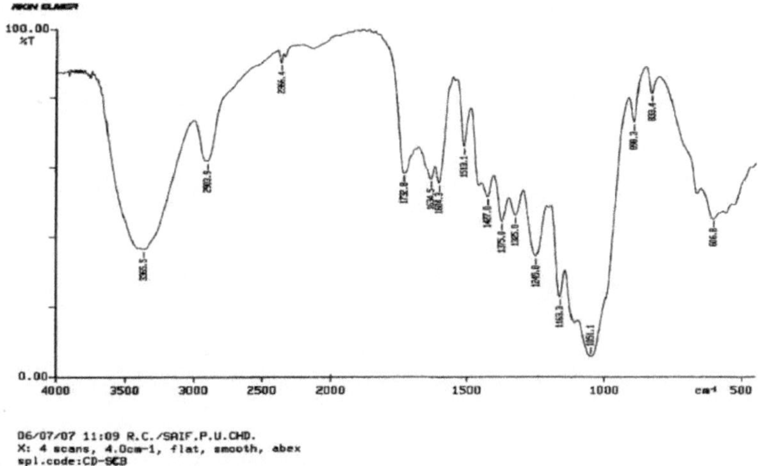

FIG: 4.5.1: ESPECTROS FT-IR DO BAGAÇO DE CANA-DE-AÇÚCAR TRATADO COM CÁDMIO (II)

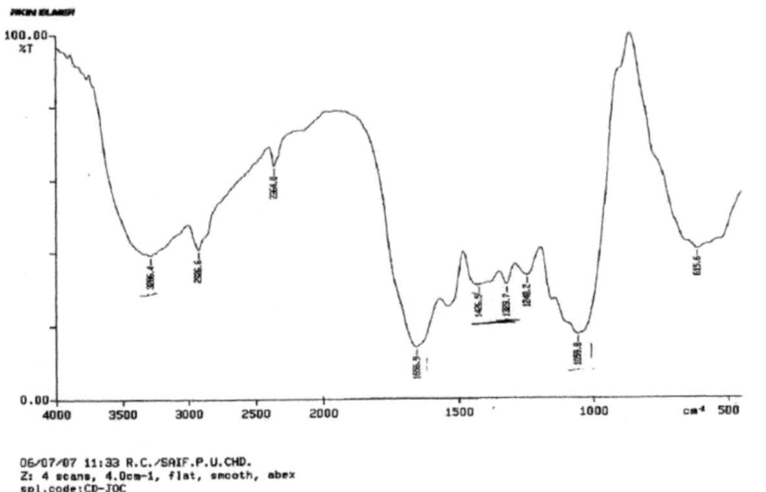

FIG: 4.5.2: ESPECTROS FT-IR DO BAGAÇO DE ÓLEO DE PINHÃO-MANSO TRATADO COM CÁDMIO (II)

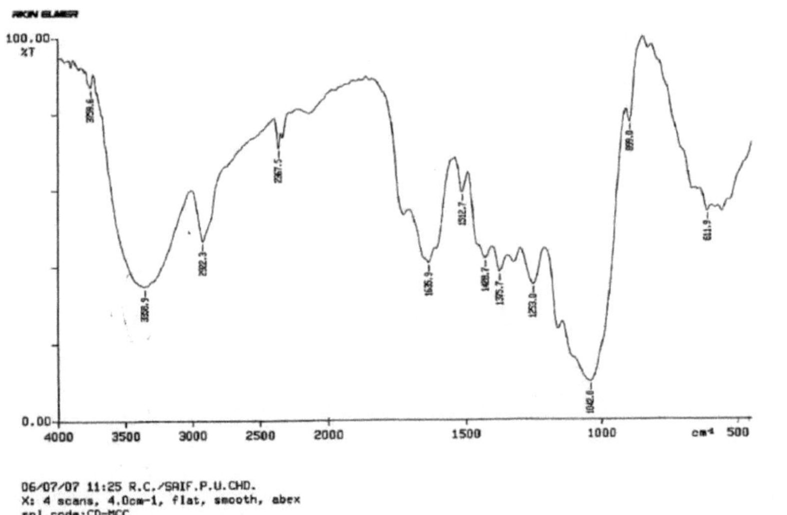

FIG: 4.5.3: ESPECTROS FT-IR DA ESPIGA DE MILHO TRATADA COM CÁDMIO (II)

Para a adsorção de cádmio (II), as experiências foram realizadas variando o pH de 2 a 7. Para além do pH 7, ocorre hidrólise dos iões de cádmio, pelo que a gama de pH foi selecionada entre 2,0 e 6,0. Os resultados apresentados na **Fig: 4.5.4** indicam que o cádmio (II) é significativamente afetado pelo pH. A adsorção máxima de iões metálicos de cádmio (II) foi observada a pH 6 para todos os adsorventes, a saber: 99,5%, 99% e 85% para JOC, MCC e SCB, respetivamente. Com base nestes resultados, todas as outras experiências foram realizadas a pH 6. Para a MCC, verificou-se um aumento súbito da eficiência de remoção de cádmio (II) com o aumento da gama de pH de 3-4. No entanto, com o aumento do pH de 4-6, registou-se um aumento marginal da capacidade de remoção. Para o JOC, houve uma mudança significativa na capacidade de remoção de cádmio após o pH 4. A ordem de capacidade de adsorção para diferentes adsorventes foi: JOC> MCC>SCB.

A dependência da absorção de metais em relação ao pH está relacionada tanto com os grupos funcionais de superfície presentes na biomassa como com a química do metal em solução. A um pH muito baixo, os ligandos de superfície estão intimamente associados aos iões hidrónio ($H3O^+$) e restringem a aproximação dos catiões metálicos em resultado da força repulsiva (Aksu, et.al., 2001; Sheng, et.al, 2004). Além disso, a dependência do pH na absorção de iões metálicos pelas biomassas pode também ser justificada pela associação - dissociação de certos grupos funcionais, tais como os grupos carboxilo e hidroxilo presentes na biomassa. A maioria dos grupos carboxílicos não se dissocia a pH baixo e não pode ligar os iões metálicos em solução, embora participe em reacções de complexação (Chubar, et.al., 2004).

4.5.1.2 EFEITO DA DOSE DE ADSORVENTE

A remoção de cádmio (II) com diferentes adsorventes foi estudada com diferentes dosagens de adsorvente [0,25 a 2,0 g para 100 ml de solução de cádmio (II)] mantendo constante a concentração de cádmio (II) (50 mg/l), a velocidade de agitação (250 rpm), o pH (6,0) e o tempo de contacto (60 min).

Os resultados (Fig. 4.5.5) indicam que o aumento da dose de adsorvente resultou numa maior remoção de cádmio (II). A remoção máxima foi observada com a dose de adsorvente de 2,0g/100ml de JOC, MCC e SCB. O aumento da percentagem de remoção com o aumento da dose de adsorvente deve-se ao aumento do número de sítios de adsorção (Garg, et.al., 2007). A capacidade de adsorção foi menor com doses de adsorvente mais elevadas (Tabela: 4.5.2)

Isto pode ser atribuído à sobreposição ou agregação de sítios de adsorção, resultando numa diminuição da área total da superfície do adsorvente disponível para os iões metálicos e num aumento do comprimento do caminho de difusão.

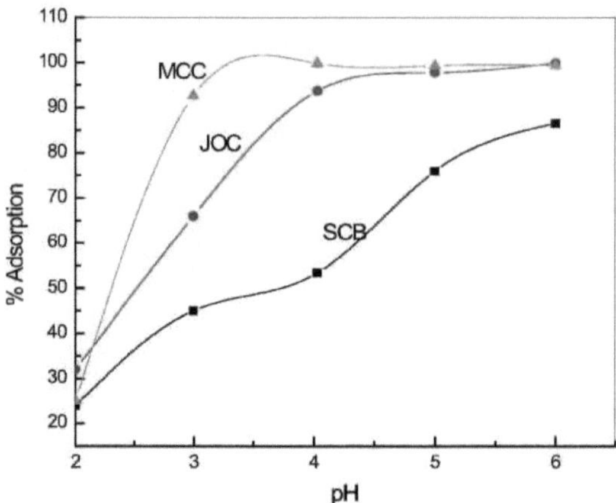

Fig 4.5.4: Efeito do pH na remoção de cádmio (II) por resíduos agrícolas (cádmio (II); 50mg/l; velocidade de agitação: 250 rpm; tempo: 60 min; dose de adsorvente: 2000 mg)

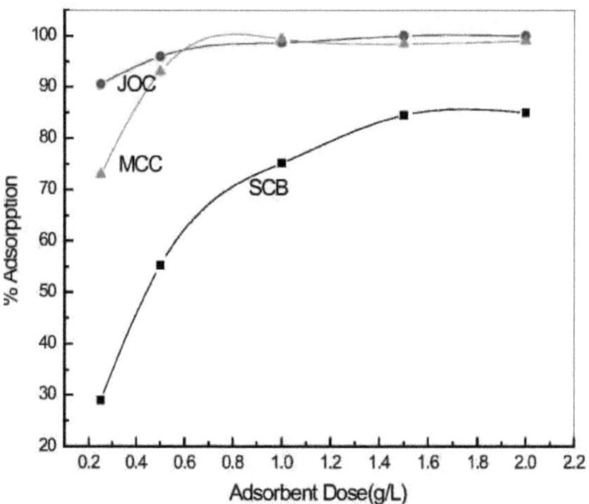

Fig: 4.5.5: Efeito da dose de adsorvente na remoção de cádmio (II) por resíduos agrícolas (cádmio (II); 50mg/l; velocidade de agitação 250 rpm; tempo - 60 min; pH - 6,0)

4.5.1.3 EFEITO DA CONCENTRAÇÃO DE IÕES METÁLICOS

A remoção de Cd(II) foi estudada variando a concentração de Cd(II) [5, 10, 25, 50, 75, 100, 250 e 500 mg/l] mantendo constantes a dose de adsorvente (20 g/l), a velocidade de agitação (250 rpm), o pH (6,0) e o tempo de contacto (60 min). A percentagem de remoção de cádmio diminuiu com o aumento da concentração inicial de cádmio (II) (Fig. 4.5.6).

À medida que a concentração de cádmio na solução de ensaio foi aumentada de 5,0 para 500 mg/l, a capacidade de adsorção de SCB, MCC e JOC para cádmio (II) aumentou de 0,24 para 6,75 mg g^{-1}, 0,25 para 8,4 mg g^{-1} e 0,25 para 10,5 mg g^{-1}, respetivamente (Tabela 4.5.3). O aumento da concentração de iões metálicos aumentou a capacidade de adsorção para cada adsorvente, o que pode ser atribuído ao aumento da taxa de transferência de massa devido ao aumento da concentração da força motriz.

Por outro lado, mudando o adsorvente de SCB para JOC, o aumento da capacidade de adsorção pode dever-se ao aumento da difusividade do adsorvato (ião metálico) através da película líquida formada sobre o adsorvente a concentrações iniciais crescentes de iões metálicos.

Além disso, os resultados mostraram que, embora a adsorção de equilíbrio tenha aumentado com o aumento da concentração de iões metálicos, a extensão deste aumento não foi proporcional à concentração inicial de iões metálicos, ou seja, um aumento de duas vezes na concentração de iões metálicos não levou a uma duplicação da capacidade de adsorção de equilíbrio. Isto pode ser explicado em termos da área de superfície do substrato em que ocorreu a adsorção competitiva de iões metálicos (Ho, et.al., 2001; Mckay, et.al., 1981). O tempo de contacto necessário foi muito curto. O tempo de equilíbrio é um dos parâmetros importantes para a aplicação do tratamento económico de águas residuais.

Tabela: 4.5.2: Capacidades de adsorção de diferentes adsorventes em diferentes doses de adsorvente

Dose de adsorvente g l-1	SCB qe (mg g^{-1})	MCC qe (mg g^{-1})	JOC qe (mg g^{-1})
2.5	14.8	18.1	14.6
5.0	8.3	9.6	9.3
10.0	4.4	4.9	4.89
15	3.07	3.33	3.28
20	2.4	2.5	2.48

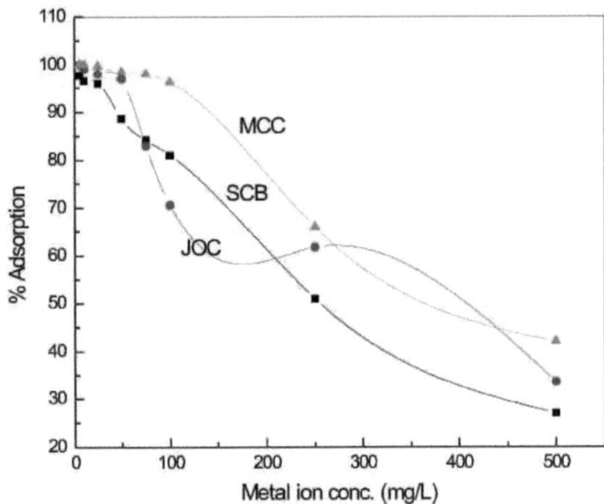

Fig: 4.5.6 Efeito da concentração inicial de iões metálicos na remoção de cádmio (II) por resíduos agrícolas (velocidade de agitação 250 rpm; pH- 6,-0; dose de adsorvente-2000 mg; tempo de contacto -60 min)

4.5.2 ISOTÉRMICAS DE ADSORÇÃO

Os parâmetros de Freundlich, *Kf* e *n*, foram obtidos através da representação gráfica de *log qe* versus log C_e e as constantes de Langmuir foram obtidas através da representação gráfica linear de Ce/qe versus Ce, o que mostra que a adsorção obedece ao modelo de Langmuir (Fig. 4.5.7 e 4.5.8). *Q0* versus b foram determinadas a partir do declive e da interceção do gráfico e são apresentadas na Tabela 4.5.4.

4.5.2.1 ESTUDOS DE DIFUSÃO

No presente estudo, a transferência de massa foi estudada de acordo com o modelo (equação 5) sugerido por Mckay et al, 1981; assumindo que a resistência à difusão no interior da partícula é negligenciável. Foram traçados gráficos de difusão intra-partícula para a remoção de cádmio (II) por vários adsorventes (Fig: 4.5.9).

O gráfico é linear até 60 min; isto implica que, ao longo do processo, a difusão de película desempenha um papel significativo na adsorção de cádmio (II) de uma solução aquosa nos adsorventes estudados. O coeficiente de transferência de massa βL foi calculado multiplicando o declive e a interceção do gráfico (Fig. 4.5.10).

Verificou-se que o βL a 30O C se situa no intervalo de 0,1- 0,35 para todos os adsorventes. Os valores de βL para MCC, JOC e SCB foram 0,222, 0,061 e 0,148 cm s^ ^{1}, respetivamente. Os valores indicam que a velocidade da transferência de massa no sistema é significativa. Assim, este processo é recomendado para aplicação industrial (Sharma, et.al., 1995).

Tabela 4.5.3: Capacidades de adsorção de diferentes adsorventes em diferentes concentrações

iniciais de cádmio

Ião metálico conc. mg/l	SCB qe (mgg^{-1})	MCC qe (mg g^{-1})	JOC qe (mg g^{-1})
5	0.24	0.25	0.25
10	0.48	0.495	0.50
25	0.96	0.98	1.24
50	2.22	2.42	2.46
75	3.16	3.11	3.67
100	4.05	3.53	4.82
250	6.37	7.71	8.25
500	6.75	8.4	10.5

Tabela 4.5.4: Os coeficientes de correlação (r^2), as capacidades de adsorção (kf e Q0) e os interstícios de adsorção (n) para todos os adsorventes

Adsorventes	Isotérmica de Freundlich			Isotérmica de Langmuir		
	r^2	kf(1g^{-1})	n	r^2	b (1 mg^{-1})	Qo (mg g^{-1})
Espiga de milho	0.9611	3.97	1.447	0.9942	0.1744	105.6
Bagaço de óleo de pinhão-manso	0.9403	3.01	1.149	0.9856	0.0721	86.96
Bagaço de cana-de-açúcar	0.9288	2.35	0.933	0.9990	0.1127	69.06

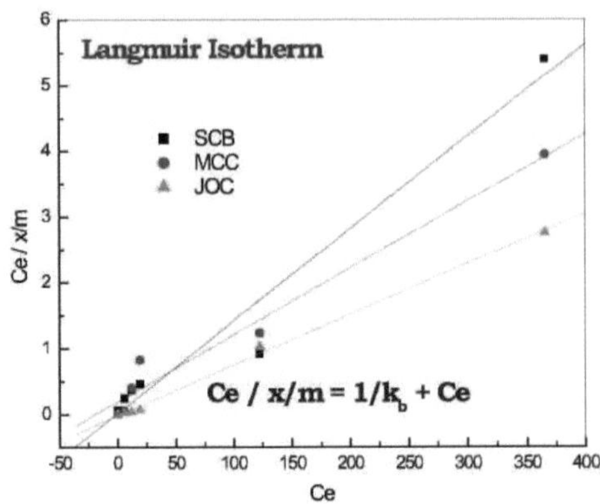

Fig: 4.5.7: Isotérmica de Langmuir para a adsorção de cádmio (II) por diferentes biossorventes

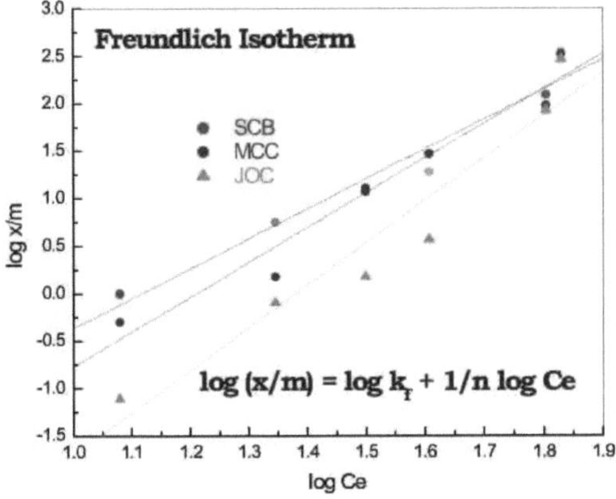

Fig: 4.5.8: Isotérmica de Freundlich para a adsorção de cádmio (II) por diferentes biossorventes

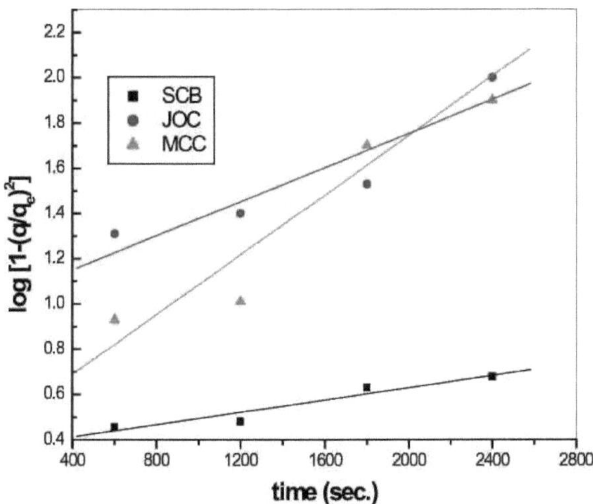

Fig 4.5.9: Gráfico de transferência de massa da sorção de cádmio em resíduos agrícolas

4.5.2.2 DIFUSÃO INTRA-PARTÍCULA

Verificou-se que a porosidade dos três biossorventes se situava no intervalo de 0,45-0,50, pelo que se considerou necessário testar a possibilidade de difusão nos poros. Esta foi examinada através da representação gráfica da quantidade adsorvida em função da raiz quadrada do tempo. A Fig. 4.5.10 mostra que o gráfico é quase linear. O valor da constante de velocidade para a difusão intra-partícula, Kp, foi calculado para todos os biossorventes e os valores de Kp foram de 0,934, 0,152 e 0,370 min^{-1}, respetivamente. A possibilidade de difusão intrapartícula foi ainda confirmada pela análise de log Δq Vs log t (Fig. 4.5.11), em que Δq é a percentagem de remoção do soluto e t é o tempo de contacto.

O coeficiente de difusão intrapartícula Di foi determinado traçando o log [1 - $\{q/q_e\}^2$] contra o tempo, de acordo com o modelo de Urano e Tachikawa (Urano, et.al., 1991). Os valores de Ki e Di são dados também na Tabela 4.5.5.

A partir dos valores calculados, pode assumir-se que a difusão do soluto no interior da biomassa é mais importante para a taxa de adsorção do que a transferência de massa externa. Foram determinados valores de Di muito semelhantes aos encontrados para a difusão de iões metálicos em soluções aquosas, o que sugere a presença de água livre no interior das partículas adsorventes.

4.5.3 TRATAMENTO DE EFLUENTES COM CÁDMIO

As caraterísticas da amostra de efluente (média) são apresentadas na Tabela: 4.5.6. As amostras de efluentes foram tratadas com bagaço de cana-de-açúcar como biossorvente em condições optimizadas obtidas a partir de estudos de soluções simuladas. 100 ml da amostra após diluição foram tratados com 2 g de biossorvente a pH: 6,5; velocidade de agitação: 250 rpm; tempo de contacto: 60 min. A concentração residual de iões metálicos na amostra tratada foi medida. O resultado indica a remoção completa do cádmio (II) das amostras de efluentes.

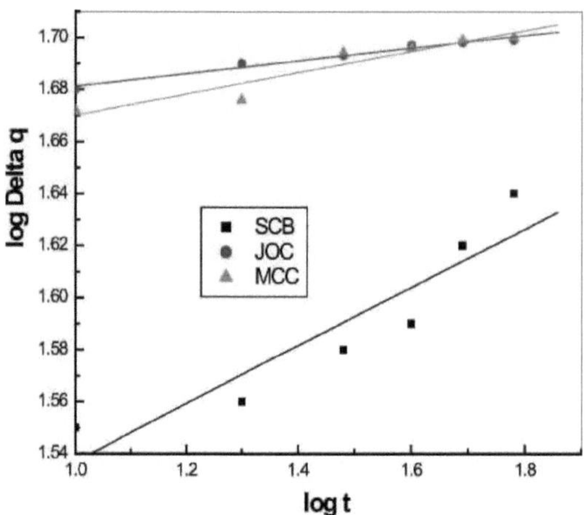

Fig: 4.5.10: Gráfico da difusão de cádmio por película de resíduos agrícolas

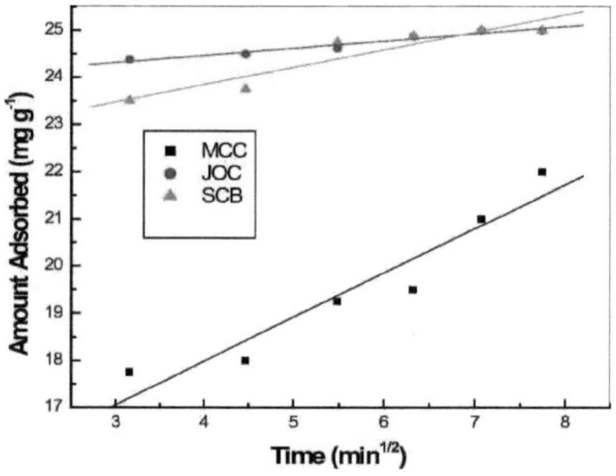

Fig: 4.5.11 Gráfico de difusão intra-partícula durante a remoção de cádmio por JOC, MCC e SCB

Tabela: 4. 5. 5: Parâmetros cinéticos para a sorção de iões metálicos em vários materiais de resíduos agrícolas

Adsorventes	**Ki(mg $g^{-}1s^{-1}/^{2}$)**	**Di (cm^2s^{-1})**	**β (ms^{-1})**
MCC (espiga de milho)	18.41	1.59×10^{-5}	0.222
JOC (Bagaço de óleo de Jatropha)	6.27	3.7×10^{-4}	0.061
SCB (bagaço de cana-de-	7.78	1.19×10^{-4}	0.148

açúcar)			

Tabela: 4.5.6: Caraterísticas das amostras de efluentes (média)

Caraterísticas das amostras de efluentes (média)	
Cádmio (II)	32 mg/l
CBO (mg/L)	8.0
CQO (mg/L)	550
Teor de cloreto	1576 mg/l
Condutividade	1,5 mS
pH	6.0
Cor	Verde-mar

4.6 PERMUTADORES DE IÕES PARA A SEQUESTRAÇÃO DE METAIS PESADOS

Entre os processos de remoção de metais pesados, os permutadores de iões são muito eficazes na remoção de vários metais pesados e podem ser facilmente recuperados e reutilizados através de uma operação de regeneração. As resinas de permuta iónica têm uma variedade de diferentes tipos de materiais de permuta, que se distinguem em resinas naturais ou sintéticas. A utilização de permutadores de iões para remover metais de águas residuais tem sido amplamente estudada. As investigações anteriores centraram-se na relação de equilíbrio entre a resina de permuta iónica e os iões permutados (Jangbarwala, 1997; Wang et al., 2001). No entanto, a recuperação ou remoção selectiva de um ou mais metais pesados de misturas multimetálicas utilizando resinas orgânicas comuns de permuta catiónica não é geralmente viável, particularmente para os iões metálicos com a mesma valência (Fries, 1993; Dabrowski, 2004). No passado, a utilização de resinas quelantes para este fim foi amplamente examinada (Haas, 1984; Karppinen, 2000; Menoud et.al., 2000; Diniz, 2005; Lin, 2005). Para esses estudos, as resinas com ligando IDA (ácido iminodiacético), tais como Chelex 100, Amberlite IRC 748 e Purolite S930, têm sido frequentemente utilizadas devido à sua elevada seletividade e baixo custo de fabrico (Eccles, 1992). O ligando IDA pode fornecer pares de electrões de modo a que as forças de ligação para os metais alcalino-terrosos sejam 5.000 vezes superiores às dos metais alcalinos, como o Na^+ ; ou seja, o ligando IDA pode reagir facilmente com iões de metais pesados para formar uma ligação covalente de coordenação estável (Dabrowski, 2004; Eccles, 1992).

Neste estudo, foram investigados os comportamentos de remoção de Cd (II), Cr (VI) e Ni (II) com a resina de permuta catiónica Chelex 100. A cinética de remoção e as capacidades de remoção dos metais pesados na resina de permuta iónica foram estudadas em soluções de metal único. Os efeitos do pH, da dose de adsorvente, da concentração de iões metálicos e do tempo de contacto também foram investigados.

4.6.1 ESTUDOS COM CHELEX 100

Foi utilizada a resina quelante Chelex 100, que contém grupos funcionais de ácido iminodiacético. As propriedades físicas e as especificações do Chelex 100, tal como comunicadas pelos três fornecedores, são apresentadas no quadro 4.6.1. Antes da utilização, as resinas foram lavadas com 1mol/dm de HCl e 1mol/dm^3 de NaOH para remover possíveis impurezas orgânicas e inorgânicas. Em seguida, foram lavadas com água bidestilada três vezes e convertidas para a forma Na^+ através do tratamento com 1mol/dm^3 NaCl durante 12 h (Lehto et.al., 1994). Estas resinas foram finalmente lavadas com água bidestilada e secas em estufa de vácuo a 60°C.

Foram realizadas experiências em lote com 100 ml de solução de iões metálicos a 50 ppm, variando diversas variáveis independentes: pH (2-8), dose de resina (0,1g-1,5g), tempo de contacto (5-120 min) e velocidade de agitação (50 rpm -250 rpm). A percentagem de remoção (*R* %) dos iões metálicos foi calculada utilizando o espetrofotómetro de dupla matriz UV-Vis e o elétrodo seletivo de iões.

A resina Chelex 100 é composta por copolímeros de estireno divinilbenzeno (Fig. 4.6.1) com grupos funcionais de iminodiacetato (Fig. 4.6.2). Os iões de iminodiacetato actuam como quelantes para a ligação de iões metálicos polivalentes. O Chelex 100 é muito eficaz na ligação de contaminantes metálicos com uma elevada seletividade para iões divalentes, sem alterar a concentração de iões não metálicos. A pH baixo, o azoto das iminas e os grupos carboxilo são protonados. O azoto protonado tem uma carga positiva e pode atrair aniões; os grupos carboxilo são neutros e não reactivos. À medida que o pH aumenta, a sorção de aniões diminui e a sorção de catiões aumenta até que, a um pH > 12, a resina funciona apenas como um permutador de catiões. No caso da resina do tipo ácido iminodiacético, o valor do coeficiente de distribuição atinge um máximo por volta do pH 5 (Ceo et.al., 1993).

Tabela 4.6.1 Propriedades físicas e químicas das resinas quelantes utilizadas (conforme fornecidas pelo fornecedor)

Propriedades	Chelex 100
Grau	Grau industrial
Forma física	Contas opacas de cor bege
Grupo funcional	Ácido iminodiacético emparelhado
Matriz	Estireno-divinilbenzeno
Estrutura	Macroporoso
Tamanho das partículas (mm, seco)	50-100 Malhas
Capacidade (equiv/m^3 de resina)	1250
Densidade a granel ρ s (kg/m3)	968

Gama de pH	0-14
Temperatura máxima de funcionamento	80-90 ^{0}C

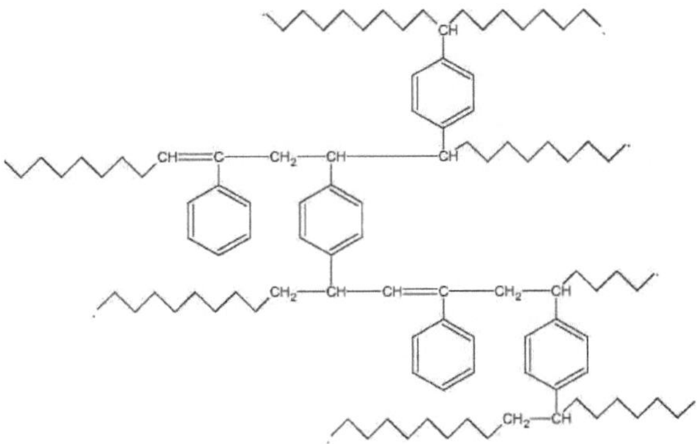

Fig: 4.6.1: Coploymers de estireno divinilbenzeno

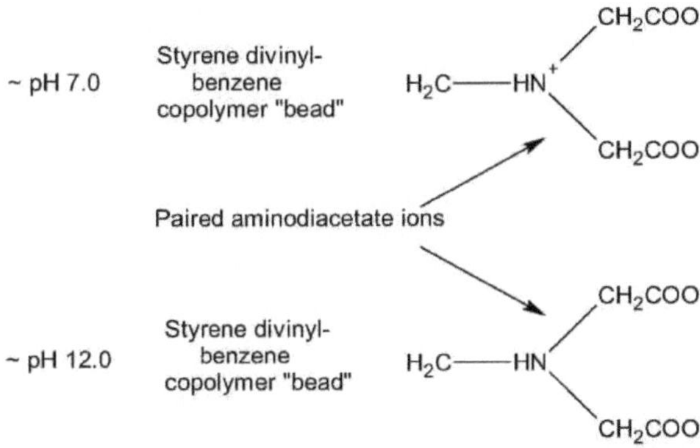

Fig: 4.6.2 Copolímeros de estireno divinilbenzeno com iões de iminodiacetato emparelhados

4.6.1.1 EFEITO DO pH

O pH da solução aquosa é uma variável importante, que controla a remoção do metal nas interfaces chelex-água. Para determinar o efeito do pH na capacidade de remoção dos materiais, foram preparadas soluções com diferentes níveis de pH, de 2 a 8, antes de adicionar Chelex 100. O efeito do pH na remoção de metais foi determinado em experiências de lote e os resultados são apresentados na Fig. 4.6.3. Os valores de remoção aumentaram com o aumento dos valores de pH para todos os metais. A eficiência de remoção de Cd (II), Ni e Cr (VI) aumenta de 39 para 100%, 22 para 82% e 40 para 98%, respetivamente, para a resina Chelex 100 com o aumento do pH de 3,0 para 5,0 para Cd (II) e Cr (VI) e de 3,0 para 6,0 para NI (II). A um pH mais baixo, a quantidade de metal removido foi menor, o que pode dever-se ao facto de a área de superfície da resina estar mais protonada e competitiva. A remoção ocorreu entre os protões H^+ e os iões metálicos livres em direção aos locais de fixação (Coles, 2002). A troca de metais começa quando o pH sobe para a gama em que a maioria dos locais de troca iónica ácidos começa a trocar iões hidrónio por metais e a capacidade atinge o valor máximo na gama de pH em que todos os locais de troca iónica participam na reação e o grupo funcional é capaz de formar anéis de quelato com os catiões metálicos. O pH tem um forte efeito na complexação concorrente. Nas soluções residuais existem agentes formadores de complexos, que se dissociam e se tornam reactivos à medida que a concentração de iões hidrónio diminui. Na região neutra, a autoprotólise da água produz iões hidróxido e, na gama de pH alcalino, ocorre a hidrólise de catiões e a complexação com carbonato atmosférico dissolvido, o que interfere com a sorção de metais em concentrações vestigiais. Para evitar a precipitação de metais, não são preferíveis valores de pH elevados e o pH ótimo foi escolhido como estando na região de pH 5-6 para os três metais (Kocaoba, 2007).

4.6.1.2 EFEITO DA DOSE DE RESINA

A remoção de Cd (II), Ni (II) e Cr (VI) com Chelex 100 foi estudada em diferentes dosagens de resina [0,1 a 1,5 g / 100 ml de solução de iões metálicos] mantendo constante a concentração de iões metálicos (50 mg/l), a velocidade de agitação (250 rpm), o pH (6,0 para Ni (II) e 5,0 para Cd (II) e Cr (VI)) e o tempo de contacto (60 min). Os resultados (Fig. 4.6.4) indicam que o aumento da remoção de iões de metais pesados aumenta com o aumento da dose de resina. A percentagem de remoção do cádmio e do crómio foi de 32% e 25,5, respetivamente, com 0,1 g de dose de resina, tendo aumentado para 100% com o aumento da quantidade para 1,0 g. No caso do Ni (II), a percentagem de remoção foi de apenas 5% com 0,1 g de dose e aumentou para 80% com 1,0 g de dose de resina.

4.6.1.3 EFEITO DO TEMPO DE CONTACTO

A solução de iões metálicos (50 mg/L) foi agitada com 1,5 g de Chelex 100 em frascos cónicos com rolha a temperatura constante. O pH da solução foi ajustado para o valor em que ocorre a remoção máxima do respetivo ião metálico. O teor de iões metálicos foi analisado em intervalos de tempo pré-determinados com incrementos de 10 min (10, 20, 30, ... 120) e a concentração do metal foi avaliada. Os resultados obtidos neste estudo estão descritos na Fig. 4.6.5. A remoção máxima foi atingida após 60 min. (100% para Cd (II), 98% para Cr (VI) e 81% para Ni (II). Após 60 minutos, observou-se muito pouca ou nenhuma alteração na percentagem de remoção.

4.6.1.4 EFEITO DA VELOCIDADE DE AGITAÇÃO

É necessária uma agitação adequada para o contacto apropriado das soluções sintéticas carregadas de metal com a resina. Para verificar o efeito da velocidade de agitação na capacidade de sequestro do Chelex 100, a resina misturada com a solução foi agitada mecanicamente de 50 rpm a 250 rpm. Como se mostra na Fig.4.6.6, a percentagem de remoção aumenta com o aumento da velocidade de agitação e a remoção máxima foi observada a 250 rpm para os três metais pesados, uma vez que a densidade das resinas é maior, pelo que geralmente não entram em contacto com a solução aquosa a baixa velocidade de agitação.

4.6.1.5 EFEITO DA CONCENTRAÇÃO INICIAL DE IÕES METÁLICOS

Foi estudado o efeito de concentrações variáveis de metais (10-500mg/l) na sua remoção sob as condições optimizadas de 60 min de tempo de contacto e 1,0 g de dose de resina em meio aquoso. A figura 4.6.7 mostra que a percentagem de remoção de metais do chelex-100 diminui com o aumento da concentração de iões metálicos. Obteve-se uma percentagem máxima de remoção de 100%, 98,5% e 82,5% para o cádmio (II), o crómio (III) e o níquel (II), respetivamente, com uma concentração óptima de 50 mg/l.

Os gráficos lineares de Freundlich e Langmuir são obtidos traçando (i) *logQe* versus *logCe* e (ii) *Ce/Qe* versus Ce, respetivamente, a partir dos quais os coeficientes de remoção podem ser avaliados.

Os gráficos lineares de Freundlich e de Langmuir são obtidos traçando (i) *logQe* versus *logCe* (Fig. 4.6.8, 4.6.9 e 4.6.10) e (ii) *Ce/Qe* versus Ce (Fig. 4.6.11, 4.6.12 e 4.6.13), respetivamente, a partir dos quais os coeficientes de remoção podem ser avaliados. Os valores do coeficiente de correlação (r^2) para os valores de Cd (II) ($r^2 = 0,9823$), Cr (VI) (r^2=,9941) e Ni (II) ($r^2 = 0,9924$) são mais elevados no caso das isotérmicas de Langmuir, o que indica que os dados se ajustam razoavelmente bem à isotérmica de Langmuir nos presentes estudos de remoção. O valor do declive (b), que é inferior à unidade, implica que a remoção significativa teve lugar a baixa concentração de iões metálicos (Quadro IV).

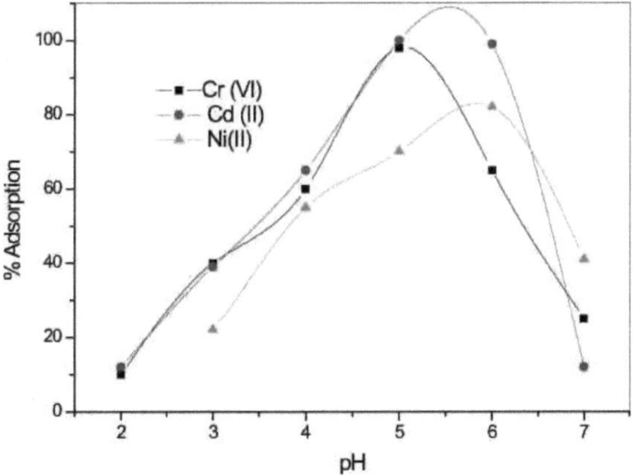

Fig: 4.6.3 Efeito do pH de equilíbrio na quantidade de iões metálicos trocados com Chelex 100 (Velocidade de agitação: 250rpm; Conc. de iões metálicos 50mg/l; Dose de resina; 1g/100ml)

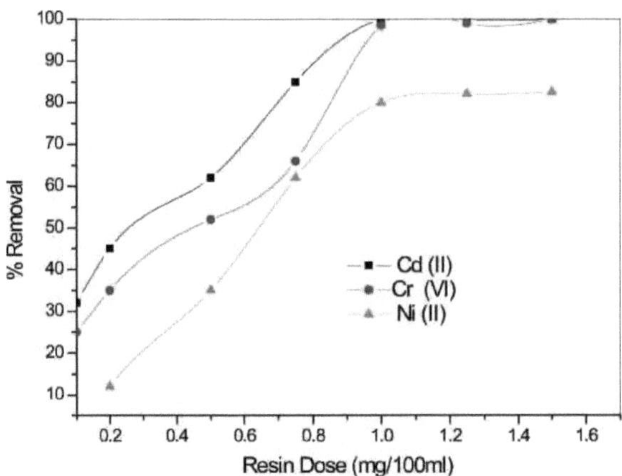

Fig. 4.6.4 Efeito da dose de resina na quantidade de iões metálicos trocados com Chelex 100 (Velocidade de agitação: 250rpm; Conc. iões metálicos: 50mg/l; pH: [5,0 Cd (II), Cr (VI); 6,0 Ni (II)]). 50mg/l; pH: [5.0 Cd (II), Cr (VI)); 6.0 Ni (II)])

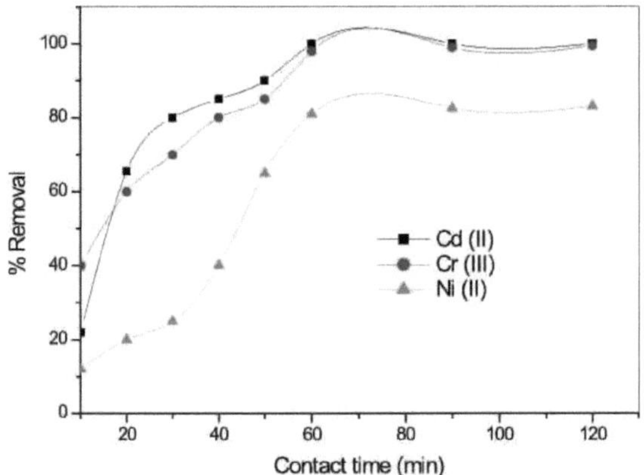

Fig. 4.6.5 Efeito do tempo de contacto na quantidade de iões metálicos trocados com Chelex 100 (Velocidade de agitação: 250rpm; Conc. 50mg/l; pH: [5.0 Cd (II), Cr (VI)); 6.0 Ni (II)])

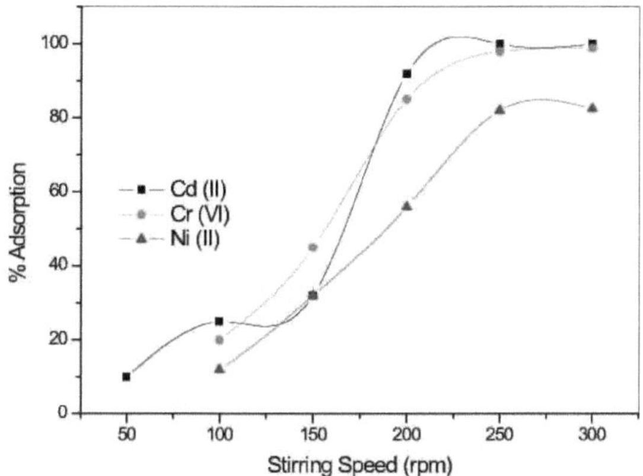

Fig. 4.6.6 Efeito da velocidade de agitação na quantidade de iões metálicos trocados com Chelex 100 (Velocidade de agitação: 250 rpm; Conc. 50mg/l; pH: [5,0 Cd (II), Cr (VI)); 6,0 Ni (II)])

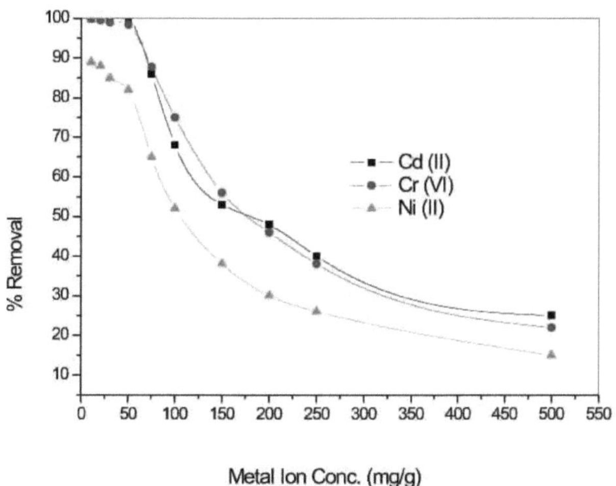

Fig. 4.6.7 Efeito da concentração de iões metálicos na quantidade de iões metálicos trocados com Chelex 100 (Velocidade de agitação: 250 rpm; Conc. 50mg/l; pH: [5.0 Cd (II), Cr (VI)); 6.0 Ni (II)])

Tabela 4.6.2: Os coeficientes de correlação (r^2), as capacidades de remoção (Kf e Q0) e os interstícios de remoção (n) para todos os três iões metálicos com Chelex 100

Adsorvente	Isotérmicas de Freundlich				Isotérmicas de Langmuir	
	Kf ($1g^{-1}$)	n	R^2	Q0(mgg^{-1})	b($1mg^{-1}$)	R^2
Cd(II)-Chelex 100	46.2	0.86	0.9216	128.53	0.041	0.9823

Cr(III)-Chelex 100	42.9	0.85	0.9413	110.37	0.093	0.9941
Ni (II)-Chelex 100	13.7	0.73	0.8743	75.70	0.055	0.9924

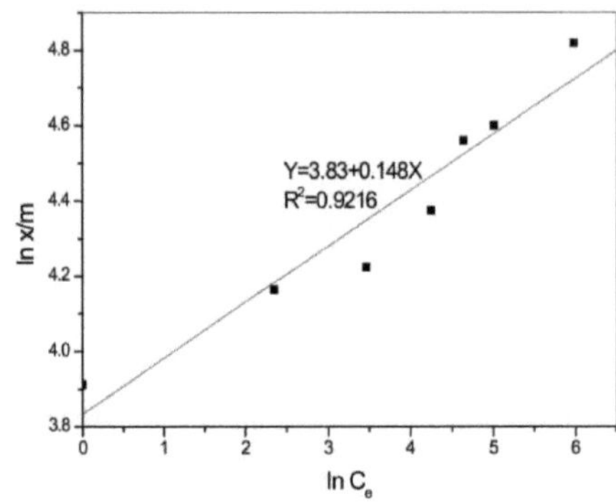

Fig 4.6.8: Gráfico de Freundlich da remoção de Cd (II) em Chelex 100

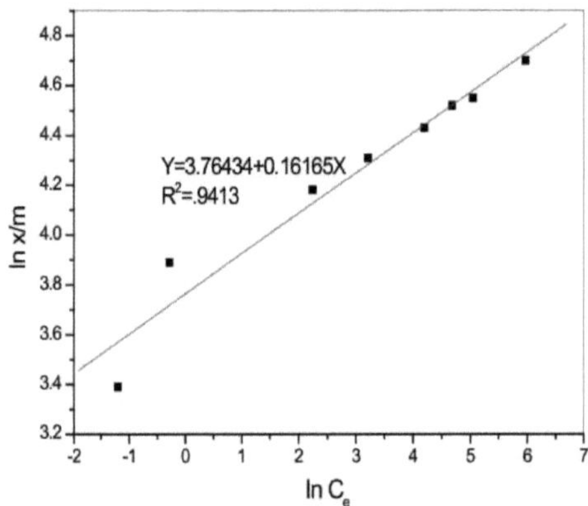

Fig: 4.6.9: Gráfico de Freundlich da remoção de Cr (VI) em Chelex 100

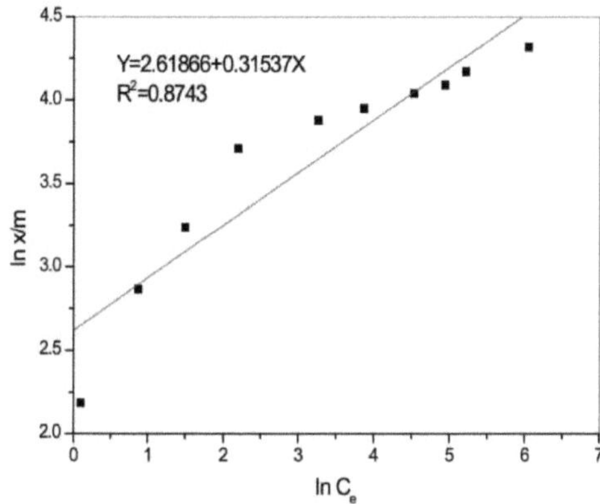

Fig: 4.6.10: Gráfico de Freundlich da remoção de Ni (II) em Chelex 100

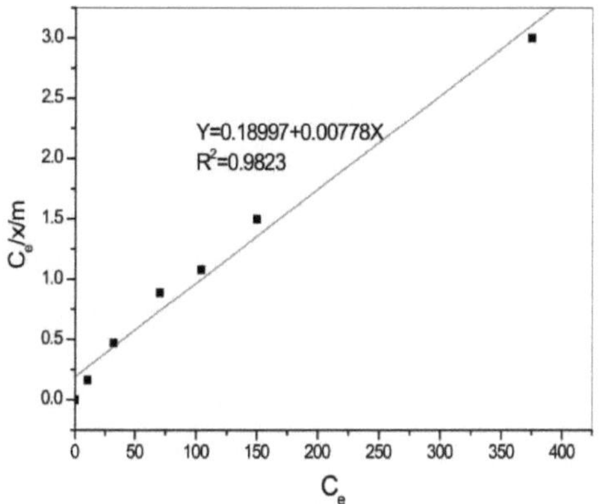

Fig: 4.6.11: Gráfico de Langmuir para a remoção de Cd (II) em Chelex 100

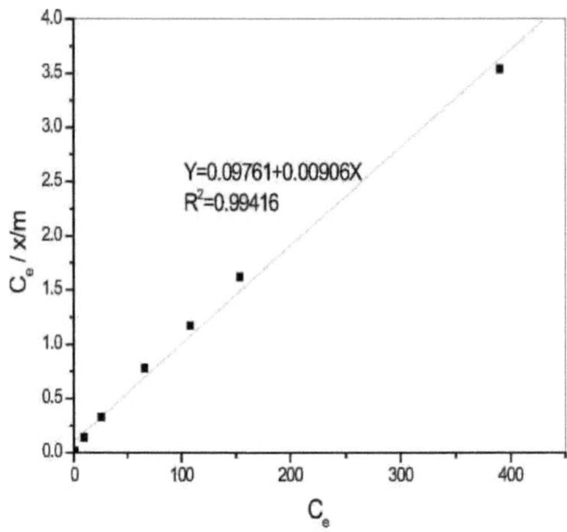

Fig: 4.6.12: Gráfico de Langmuir para a remoção de Cr (VI) em Chelex 100

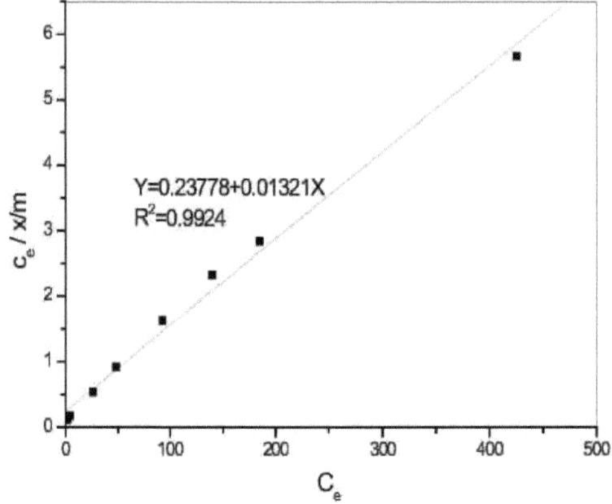

Fig: 4.6.13: Gráfico de Langmuir para a remoção de Ni (II) em Chelex 100

4.6.2 ESTUDOS COM AMBERLITE IR-120

Para a remoção do níquel (II) e do cádmio (II), foi utilizada uma resina de permuta catiónica forte, Amberlite IR 120 (Rohm & Haas Company), na forma de hidrogénio. A resina estava na forma de sódio. Foi convertida para a forma de H^+ através do tratamento com HCl 1M. As propriedades da Amberlite IR 120 são apresentadas no Quadro 4.6.3.

A Amberlite IR-120 Na^+ é uma resina de permuta catiónica fortemente ácida do tipo gel de poliestireno sulfonado. As suas principais caraterísticas são uma excelente estabilidade física, química e térmica, uma boa cinética de permuta iónica e uma elevada capacidade de permuta.

Foram realizadas experiências em lote com 100 ml de solução de iões metálicos a 50 mg/l, variando diversas variáveis independentes: pH (2-8), dose de resina (0,1g-0,5g), tempo de contacto (5-120 min) e velocidade de agitação (50 rpm -250 rpm). Foi calculada a percentagem de remoção (*R* %) dos iões metálicos.

4.6.2.1 EFEITO DOpH

O efeito do pH (2,0-8,0) na remoção de metais foi determinado em experiências de lote e os resultados são apresentados na Fig.4.6.14. A eficiência de remoção aumenta de 70% para 100% e de 85 para 100% para Cd (II) e Ni (II) para a resina Amberlite IR-120. A um pH mais baixo, a quantidade de metal removido foi menor porque a área de superfície da resina Amberlite IR-120 estava mais protonada e ocorreu uma remoção competitiva entre os protões H^+ e os iões metálicos livres para os locais de fixação. Por conseguinte, os iões H^+ reagem com grupos funcionais aniónicos na superfície da resina Amberlite IR-120 e resultam na restrição do número de locais de ligação favoráveis à ligação de iões metálicos. Para evitar a precipitação dos metais, não são preferíveis valores de pH elevados e o pH ótimo foi escolhido como pH 7,0 para a experiência com ambos os metais.

Tabela: 4.6.3 Propriedades Físicas e Químicas das Resinas Quelantes utilizadas (conforme fornecidas pelo fornecedor)

Propriedades	AMBERLITE IR120 Na
Grau	Grau industrial
Forma física	Contas de âmbar
Grupo funcional	Ácido sulfónico
Matriz	Copolímero de estireno e divinilbenzeno
Estrutura	Macroporoso
Tamanho das partículas (mm, seco)	16 a 50 mesh (ecrãs US Std)
Capacidade total de intercâmbio	2,0 meq/ml (Na^+ form)
Gama de pH	0-14
Temperatura máxima de funcionamento	80-90 ^{0}C
Tamanho médio	0,60 a 0,80 mm
Coeficiente de uniformidade	1.9 máximo
Inchaço máximo reversível	$Na^+ \rightarrow H^+$: aproximadamente 10%.

4.6.2.2 EFEITO DA CONCENTRAÇÃO INICIAL DE IÕES METÁLICOS

A Fig. 4.6.15 mostra o efeito de concentrações variáveis de metais na remoção de Cd (II) e NI (II) nas condições optimizadas de 60 min de tempo de contacto e 0,25 g de resina Amberlite IR-120 em meio aquoso. As concentrações de níquel (II) e cádmio (II) foram selecionadas no intervalo de 5-100 mg/l.

Verificou-se que as quantidades de metal retidas eram quase estáveis nesta gama de concentrações para ambos os metais. A eficiência máxima de remoção foi obtida como 100% para o cádmio e o níquel para o Amberlite IR-120. A concentração óptima foi escolhida como 50 mg/l para outras experiências.

4.6.2.3 EFEITO DO TEMPO DE CONTACTO

O efeito do tempo de contacto foi estudado utilizando uma concentração constante de solução de iões metálicos à temperatura ambiente. A remoção de iões metálicos pela resina Amberlite IR 120 foi estudada tomando 250 mg de resina com 100 ml (50 mg/l) de soluções de metal em diferentes garrafas com rolha. As garrafas foram agitadas durante diferentes intervalos de tempo num agitador. Os resultados da Fig. 4.6.16 mostram que, com o aumento do tempo de 05 min. para 20 min., a eficiência de remoção foi muito baixa, enquanto aumentou para 80% após 30 min. e a remoção máxima foi atingida após 60 min com ambos os iões metálicos.

4.6.2.4 O EFEITO DA DOSE DE RESINA

A quantidade de resina é também um parâmetro importante para obter a absorção quantitativa de iões metálicos. A retenção de metais foi examinada em relação à quantidade de Amberlite IR-120. Para estudar o efeito da quantidade de resina, a concentração de metais e o tempo de agitação foram fixados em 50 mg/l e 60 min, respetivamente, enquanto a quantidade de resina variou de 0,01 a 0,5 g. Os valores de remoção percentual aumentaram com o aumento da quantidade de resina até 0,25 g para Cd (II) e Ni (II) (Fig.4.6.17).

4.6.2.5 EFEITO DA VELOCIDADE DE AGITAÇÃO

Para verificar o efeito da velocidade de agitação na capacidade de sequestro da Amberlite IR-120, a resina misturada com a solução foi agitada mecanicamente de 50 rpm a 250 rpm. Como se mostra na Fig. 4.6.18. A remoção máxima foi observada a 250 rpm para os três metais pesados, porque a densidade das resinas é maior, pelo que geralmente não entram em contacto com a solução aquosa a baixa velocidade de agitação em experiências à escala de lote.

Os gráficos lineares de Freundlich e de Langmuir para o cádmio e o níquel para o Amberlite IR-120 são obtidos através da representação gráfica de (i) *logQe* versus *logCe* e (ii) *Ce/Qe* versus Ce, respetivamente, a partir dos quais os coeficientes de remoção podem ser avaliados.

Os gráficos lineares de Freundlich e de Langmuir são obtidos traçando (i) *logQe* versus *logCe* (Fig. 4.6.19 e 4.6.20) e (ii) *Ce/Qe* versus Ce (4.6.21 e 4.6.22), respetivamente, a partir dos quais os coeficientes de remoção podem ser avaliados. Os valores do coeficiente de correlação (r^2) para o Cd (II) ($r^2 = 0,9941$) e o Ni (II) ($r^2 = 0,9976$) são mais elevados no caso das isotérmicas de Langmuir, o que indica que os dados se ajustam razoavelmente bem à isotérmica de Langmuir nos actuais estudos de remoção. O valor do declive (b), que é inferior à unidade, implica que a remoção significativa teve lugar a baixas concentrações de iões metálicos

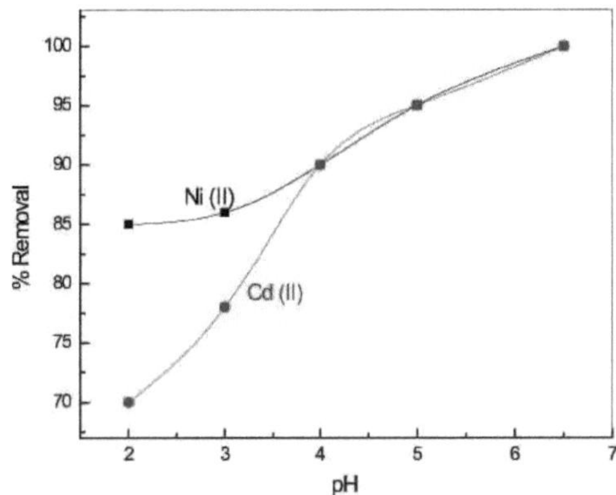

Fig: 4.6.14 Efeito do pH de equilíbrio na quantidade de iões metálicos trocados com Amberlite IR-120 (Velocidade de agitação: 250rpm; Conc. de iões metálicos 50mg/l; Dose de resina; 0,25g/100ml)

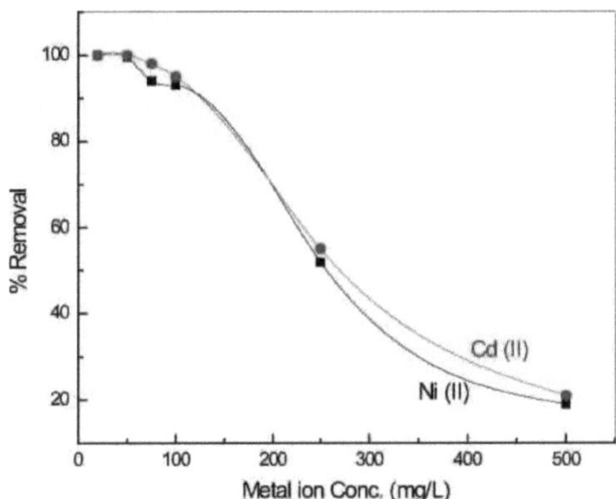

Fig: 4.6.15 Efeito da concentração de iões metálicos na quantidade de iões metálicos trocados com Amberlite IR-120 (Velocidade de agitação: 250rpm; pH. 7,0; Dose de resina; 0,25g/100ml)

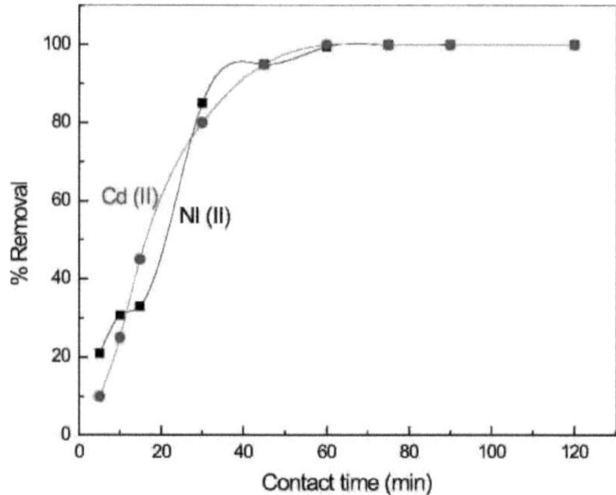

Fig: 4.6.16 Efeito do tempo de contacto na quantidade de iões metálicos trocados com Amberlite IR-120 (Velocidade de agitação: 250rpm; Conc. de iões metálicos 50mg/l; Dose de resina; 0,25g/100ml)

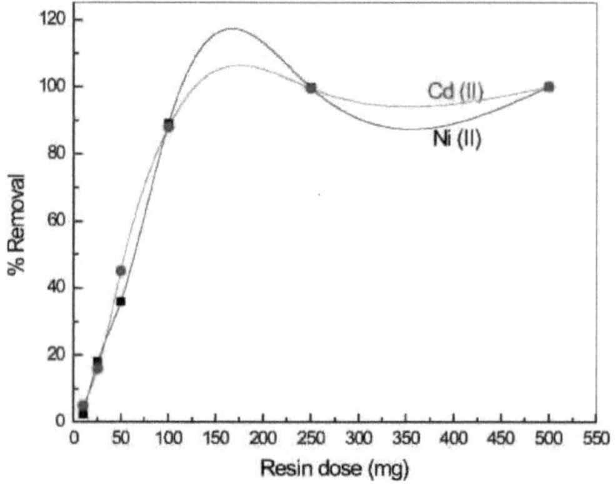

Fig: 4.6.17: Efeito da dose de resina na quantidade de iões metálicos trocados com Amberlite IR-120 (Velocidade de agitação: 250rpm; pH: 7,0; Tempo de contacto: 60 min)

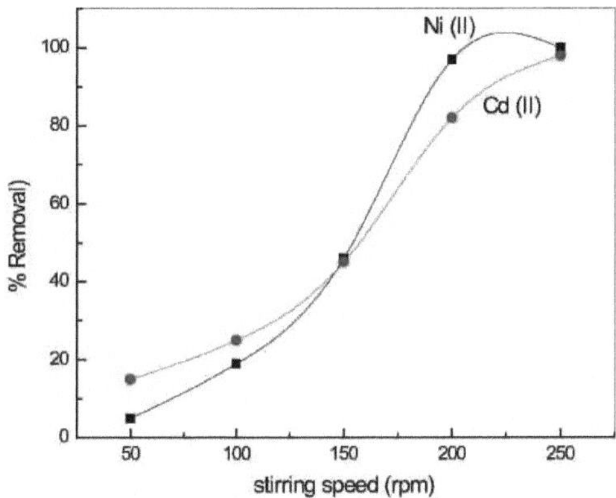

Fig: 4.6.18 Efeito da velocidade de agitação na quantidade de iões metálicos trocados com Amberlite IR-120 (pH: 7,0; Conc. 50mg/l; Dose de Resina; 0.25g/100ml; Tempo de Contacto: 60 min)

Tabela 4.6.4: Os coeficientes de correlação (r^2), as capacidades de remoção (Kf e Q0) e os interstícios de remoção (N) para todos os adsorventes

Amberlite	Isotérmica de Freundlich			Isotérmica de Langmuir		
IR-120	2 r	n	Kf(1g $^{-1}$)	2 r	b (1 mg^{-1})	Q0 (mg g^{-1})
Ni (II)	0.9758	7.38	264.5	0.9976	0.0856	1000
Cd (II)	0.9071	6.41	247.6	0.9941	0.1134	645

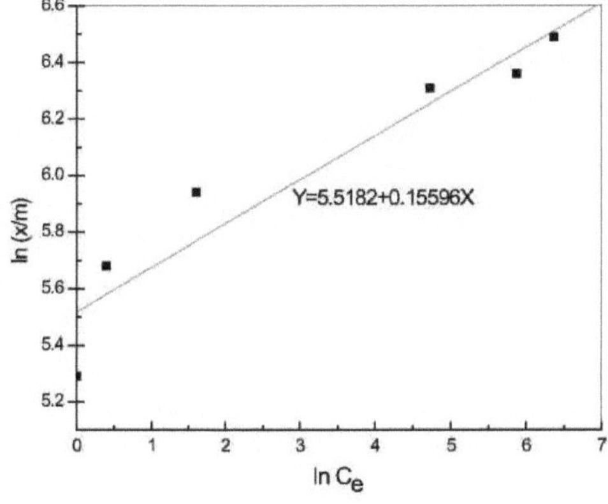

Fig 4.6.19: Gráfico de Freundlich da remoção de Cd (II) em Amberlite IR-120

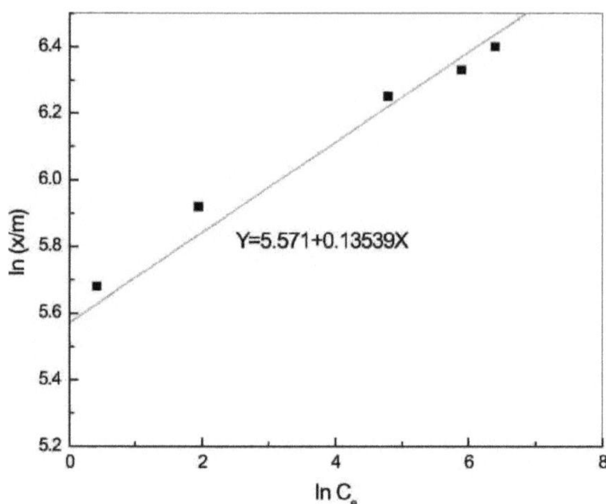

Fig 4.6.20: Gráfico de Freundlich da remoção de Ni (II) em Amberlite IR-120

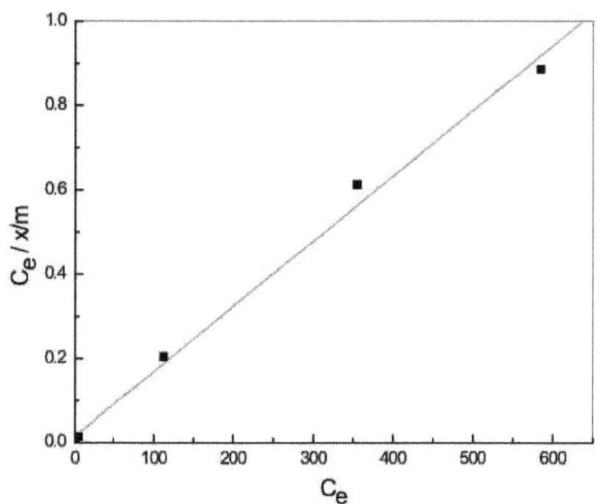

Fig 4.6.21: Gráfico de Langmuir da remoção de Cd (II) em Amberlite IR-120

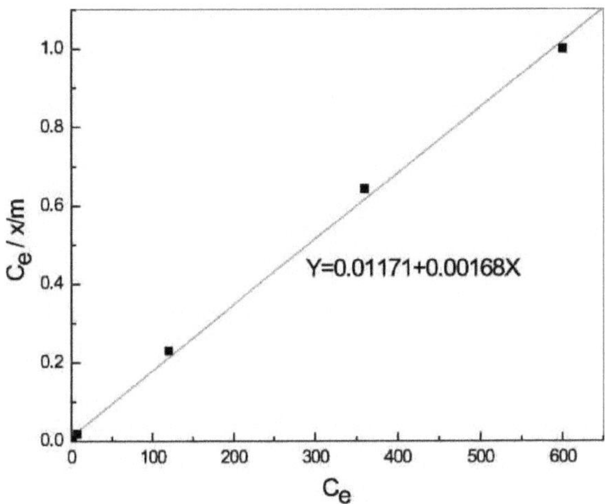

Fig 4.6.22: Gráfico de Langmuir da remoção de Ni (II) em Amberlite IR-120

Capítulo - 5 CONCLUSÕES

No presente estudo, foi investigada a biossorção de iões de metais pesados, nomeadamente crómio, níquel, zinco e cádmio, de efluentes simulados e reais com potenciais resíduos agrícolas, nomeadamente bagaço de cana-de-açúcar, bagaço de óleo de pinhão-manso e carolo de milho. Foram também realizadas experiências semelhantes com permutadores de iões, Chelex 100 e Amberlite IR-120, para avaliação comparativa com biossorventes.

O bagaço de cana-de-açúcar (BCA), a torta de óleo de pinhão-manso (TGO) e a espiga de milho (MCC) foram avaliados como possíveis adsorventes para a remoção de Cr (VI) de soluções aquosas. Este estudo mostrou que a espiga de milho tem uma eficiência de adsorção mais baixa (62%) do que o bagaço de óleo de pinhão-manso (97%) e o bagaço de cana de açúcar (92%) nas condições experimentais estudadas.

O bagaço de cana-de-açúcar também foi modificado quimicamente e o seu comportamento de adsorção foi estudado. As condições óptimas do processo para a remoção de Cr (VI) pelo bagaço de cana tratado com ácido succínico e ácido cítrico das soluções simuladas incluem pH 2; velocidade de agitação 200 rpm e dose de adsorvente de 20 g/l. O bagaço de cana-de-açúcar tratado (tratado com ácido succínico e ácido cítrico) apresentou uma eficiência de remoção de metais pesados um pouco mais elevada.

Foi estudada a utilização potencial do bagaço de cana-de-açúcar, do bagaço de óleo de Jatropha e da espiga de milho como adsorventes para o cádmio. Estes novos biossorventes são capazes de remover os iões de cádmio de soluções aquosas, e a capacidade de adsorção foi fortemente dependente da natureza e dosagem do adsorvente, da concentração inicial de iões metálicos e do pH inicial. A adsorção máxima de cádmio foi observada a pH -6,0 para todos os adsorventes viz: 99,5%, 99% e 85% para JOC, MCC e SCB, respetivamente. A ordem da capacidade de adsorção para os diferentes adsorventes foi a seguinte JOC >MCC> SCB em pH neutro. Os dados experimentais também mostraram que a difusão intrapartícula é significativa na determinação da taxa de sorção. Os valores do coeficiente de difusão intrapartícula obtidos neste estudo para a sorção de Cd (II) em SCB, MCC e JOC confirmam a viabilidade e a natureza espontânea do processo de sorção de iões Cd (II).

As condições óptimas para a remoção máxima de níquel de uma solução aquosa de 50 mg/L foram as seguintes: dose de adsorvente (1500 mg/L), pH (7,00) e velocidade de agitação (250 rpm). A adsorção máxima de níquel foi de 92%, 64% e 55% para MCC, JOC e SCB, respetivamente. O objetivo do estudo foi também investigar a viabilidade da utilização de uma biomassa agrícola (bagaço de cana-de-açúcar) como possível adsorvente para a remoção de Ni (II) de uma solução aquosa, tanto em condições não optimizadas como optimizadas, utilizando a metodologia de superfície de resposta (RSM).

Os três biossorventes foram também utilizados para estudar o comportamento de adsorção do ião Zn (II) das soluções simuladas e reais e os dados revelam que estes biossorventes têm uma excelente capacidade para adsorver com êxito os iões Zn (II). As condições óptimas para o Zn (II) (conc. 50 mg/l0) são Dose de adsorvente: 2000mg; pH: 6,5; Tempo de contacto: 60 min. Para SCB, JOC e MCC com uma concentração inicial de 50 mg/l de Zinco (II), foram obtidos 95 %, 88% e 92% de eficiência de remoção. No entanto, a tendência geral é SCB>JOC> MCC. Os resultados mostram que estes resíduos são suficientes para a remoção de Zn (II) do fluxo de efluentes. Também foram realizados estudos em condições optimizadas utilizando a metodologia de superfície de resposta .

Os permutadores de iões chelex 100 e Amberlite IR-120 foram também utilizados para a sequestração de metais pesados selecionados a partir de efluentes simulados e reais. Os dados revelam que têm uma excelente capacidade de remoção de metais pesados numa vasta gama de parâmetros de processo.

Uma operação bem sucedida do processo de biossorção requer a reutilização múltipla do adsorvente. Isto pode ser tentado através da avaliação do processo de sorção na dessorção por sorção processada em estudos futuros. Sistemas de tratamento semelhantes podem ser alargados ao tratamento de efluentes que contenham metais pesados provenientes de indústrias relacionadas (indústrias de curtumes, indústrias de galvanoplastia, etc.)

A adsorção do ião metálico Cr (VI) em todos os adsorventes é descrita pelo modelo de isoterma de Langmuir. Estes três adsorventes estão facilmente disponíveis na Índia, pelo que podem ser utilizados por indústrias de pequena escala com baixas concentrações de Cr (VI) nas águas residuais, utilizando reactores de fluxo em batelada ou em tanque agitado. Os dados cinéticos obtidos a partir dos estudos de adsorção serão úteis para o fabrico e a conceção de estações de tratamento de águas residuais que utilizem estes materiais residuais quando não estiverem disponíveis materiais padrão como o carvão ativado.

Esta análise será útil para determinar a futura direção da investigação e desenvolvimento do processo de biossorção de baixo custo, a fim de melhorar a sua viabilidade comercial. As tecnologias futuras devem também investigar a eficácia dos processos de biossorção em combinação com algumas outras tecnologias, especialmente para o tratamento de efluentes industriais em que essa tecnologia, por si só, pode não ser suficientemente eficaz.

ARTIGOS EM REVISTAS NACIONAIS E INTERNACIONAIS

1. **Umesh K. Garg** e Dhiraj Sud, Otimização dos Parâmetros do Processo para Remoção de Cr (VI) de Soluções Aquosas Utilizando Bagaço de Cana-de-Açúcar Modificado. EJEAFChe. 4(6) (2005) 1150-1160.

2. **Umesh K. Garg**, M. P. Kaur, Dhiraj Sud e V. K. Garg, Removal of Hexavalent Chromium from Aqueous Solution by Agricultural Waste Biomass. Journal of Hazardous Materials. 140 (2007) 60-68.

3. **Umesh K. Garg**, Satnam Singh, M. P. Kaur, e Dhiraj Sud, Removal of Ni (II) Ions from Aqueous Solutions by Sugarcane Bagasse in Pollution Research, Enviro-Media. 26(1) (2007) 69-62.

4. **Umesh K. Garg**, M. P. Kaur, Dhiraj Sud e V. K. Garg, Removal of Cd (II) from aqueous solutions by adsorption on agricultural waste biomass, Journal of Hazardous Materials. 154 (2008) 1149-1157.

5. **Umesh K. Garg**, M. P. Kaur, Dhiraj Sud e V. K. Garg, Removal of Nickel (II) from Aqueous

Solution by Adsorption on Agricultural Waste Biomass using a Response Surface Methodological Approach: Bioresource Technology. 99 (2008) 1325-1331.

6. Manjeet Bansal, **Umesh K. Garg**, Diwan Singh e V. K. Garg. Removal of Cr (VI) from simulated wastewater using pre-consumer processing agricultural waste: a case study of rice husk. Journal of Hazardous materials. 162(1) 15(2009) 312-320.

7. **Umesh K. Garg**, M. P. Kaur, Dhiraj Sud e V. K. Garg, Removal of hexavalent chromium from aqueous solution by adsorption on treated sugarcane bagasse using response surface methodological approach, Desalination 249 (2009) 475479.

8. **Umesh K. Garg**, M. P. Kaur, Dhiraj Sud e V. K. Garg, Sequestering of Cd (II) and Ni (II) from aqueous solutions onto chelex 100, Desalination and Water Treatment, January, 28 (2011) 211-216.

9. Garima Mahajan, **Umesh K. Garg**, Dhiraj Sud e V. K. Garg, Propriedades de utilização do bolo de óleo de jatropha para remoção de níquel (II) de soluções aquosas, BioResources 8 (4), 2013, 5596-5611.

10. Chetna Sharma, Amita Mahajan e **Umesh K Garg**, Assessment of Arsenic in drinking water samples in South-Western Districts of Punjab - India, Desalination and Water Treatment, 51(28-30) 2013, 5701-5709.

11. Chetna Sharma, Amita Mahajan e **Umesh K Garg**, Fluoride and nitrate in groundwater of south-western Punjab, India-occurrence, distribution and statistical analysis, Desalination and Water Treatment, 1-12, **DOI:**10.1080/19443994.2014.989415.

12. Vijay Sharma, **Umesh K Garg** & Deepak Arora, Impact of pulp and paper mill effluent on physico-chemical properties of soil, Archives of Applied Science Research, 6 (2) 2014, 12-17.

13. Monika Jain, V. K. Garg, Umesh K Garg, K. Kadirvelu e M. Sillanpaa, Cadmium removal from wastewater using carbonaceous adsorbents prepared from Sunflower Waste, Int. J. Environ. Res., 9(3):1079-1088, verão de 2015.

14. Jeevan Jyoti Mohindroo, Anshul K Sharma e Umesh K Garg, Propriedades ópticas de nanopartículas de cobre estabilizadas, Actas da Conferência ICC-2015, AIP Publishing, EUA.

Citações em 22.03.16	**Ano**	**Fonte**	**Editora**	**Impacto Fator**
61	2009-10	Dessalinização	Elsevier	(3.756)
338	2007	Jornal de Materiais Perigosos	Elsevier	(5.27)
178	2008	Tecnologia de recursos biológicos	Elsevier	(5.33)
170	2008	Jornal de Perigosos	Elsevier	(5.27)

		Materiais		
20	2005	Revista eletrónica de química ambiental, agrícola e alimentar	www.ejeafChe.uvigo.es	H. Índice (6)
137	2009	Jornal de Perigosos Materiais	Elsevier	(5.27)
00	2007	Investigação sobre a poluição	Enviro Media-Karad	H. Índice (14)
02	2011	Dessalinização e tratamento de água	Taylor e Francis	1.17
01	2013	Dessalinização e tratamento de água	Taylor e Francis	1.17
00	2013	Recursos biológicos	Universidade Estadual da Carolina do Norte	1.549
01	2014	Dessalinização e tratamento de água	Taylor e Francis	1.17
00	2014	Dessalinização e tratamento de água	Taylor e Francis	1.17
00	2015	Dessalinização e tratamento de água	Taylor e Francis	1.17

REFERÊNCIAS

Acar, F.N., Malkoc, E., Removal of Chromium (VI) from aqueous solution by Fagus orientalis. Biores. Technol., 2004, 94, 13-15.

Ahluwalia, S.S., Goyal, D., Microbial and plant derived biomass for removal of heavy metals from waste water. Biores. Technol. 2005, 98, 2243-2257.

Ahluwalia, S.S., Goyal, D., Removal of heavy metals from waste tea leaves from aqueous solution. Engg. Life Sci. 2005, 5, 158-162.

Ahmed, S., Chughtai, S., Keane, M. A., The removal of cadmium and lead from aqueous solution by ion exchange with Na-Y Zeolite. Separation and Purification Technology. 1998, 13, 57-64.

Ajmal, M., Rao, R. A. K., Khan, M.A., Adsorption of Cu from aqueous solution on Brassica cumpestris (mustard oil cake). J. Hazard. Mater. 2005, B122, 177-183.

Ajmal, M., Rao, R.A.K., Ahmad, R., Khan, M.A., Estudos de adsorção na erva daninha parthenium hysterophrous: Remoção e recuperação de Cd (II) de águas residuais. *J. Hazard. Mater*. 2006, B135, 242-248.

Akhtar, N., Iqbal, J., Iqbal, M., Remoção e recuperação de níquel (II) de uma solução aquosa por biomassa imobilizada em esponja de loofa de chlorella sorokiniana: estudos de caraterização. J.Hazard. Mater. B 2004,108, 85-94.

Aksu, Z. Equilíbrio e modelação cinética da biossorção de cádmio (II) por C. vulgaris num sistema descontínuo: efeito da temperatura. Sep. Purifi. Technol.2001, 21, 285-294.

Annadurai, G., Juang, R.S., Lee, D.L., Adsorção de metais pesados da água utilizando cascas de banana e laranja. Water Sci. Technol. 2002, 47, 185-190.

APHA, Standard methods for the examination of water and wastewater, American Public Health Association, Washington, DC 16th Ed. 1998.

Bailey, S.E., Olin, T.J., Bricka, R.M., Adrian, D.D., A review of potentially low-cost sorbents for heavy metals. Water Research. 1999, 33, 2469-2479.

Basci, N., Kocadagistan, E., Kocadagistan, B., Biosorption of Cu II from aqueous solutions by wheat shells. Desalination. 2003,164, 135-140.

Basso, M.C., Cerrella, E.G., Cukierman, A.L., Lignocellulosic materials as potential biosorbents of trace toxic metals from wastewater. Chemical Res. 2002, 41, 35803585.

Benaissa, H., Screening of new sorbent materials for cadmium removal from aqueous solutions. J. Hazard. Mater. 2006, 132, 189-195.

Beveridge, T.J., Murray, R.G.E., Sites of metal deposition in the cell wall of Bacillus subtilis. J. Biotechnol. 1980, 141, 876-887.

Bishnoi, N.R., Bajaj, M., Sharma, N., Gupta, A., Adsorption of chromium (VI) on activated rice husk carbon and activated alumina. Biores. Technol. 2004, 91, 305307.

Ceo, R. N., Kazerouni, M. R., Rengan, K., Sorption Of Silver Ions By Chelex 100 Chelating Resin, Journal Of Radioanalytical And Nuclear Cher, U'stry, Articles. 1993, 172(1), 43-48.

Chen, J. P., Yu, H., Remoção de chumbo de águas residuais sintéticas por cristalização num reator de leito fluidizado. J. Environ. Sci. Health, Part A. 2000, 35(6), 817-835.

Chu, K. H., Hashim, M. A., Adsorption characteristics of trivalent chromium on palm oil fuel ash, Clean Techno Environ Policy.2002, 4, 8-15.

Chua H., Hua F. L., Effects of a heavy metal on organic adsorption capacity and organic removal in activated sludge (Efeitos de um metal pesado na capacidade de adsorção orgânica e remoção orgânica em lamas activadas). Appl. Biocherrr. BiotechnoL. 1996, 57, 845849.

Chubar, N., Carvalho, J.R., Neiva, M.J., Biomassa de cortiça como biossorvente para Cu (II), Zn (II) e Ni (II). Colloids Surfaces B: Biointerfaces. 2004, 230, 57-65.

Cimino, G., Passerini, A., Toscano, G., Remoção de catiões tóxicos e Cr (VI) de uma solução aquosa pela casca de avelã. Water Res. 2000, 34, 2955-2962.

Coles, C.A., Yong, R.S., Aspects of kaolinite characterization and retention of Pb and Cd, Appl. Clay Sci. 2002, 22, 39-45.

Cooke, J.A, Andrews, S.M., Johnson, M.S., Lead, zinc, cadmium and fluoride in small mammals from contaminated grassland established on fluorspar tailings. Water, Air and Soil Pollution. 1990, 51, 43-54.

Cortina, J.L., Arad-Yellin, R., Miralles, N., Sastre, A.M., Warshawsky, A., Estudos cinéticos sobre a extração de iões de metais pesados por resinas impregnadas de Amberlite XAD2 contendo um extrator organofosforado bifuncional. Reactive & Functional Polymers. 1998, 38, 269-278.

Dabrowski, A., Hubicki, Z., Podkoscielny, P., Robens, E., Remoção selectiva de iões de metais pesados de águas e águas residuais industriais pelo método de permuta iónica. Chemosphere. 2004, 2, 91-106.

Dakiky, M., Khamis, M., Manassra, A., Mereb, M., Adsorção selectiva de Cr (VI) em águas residuais industriais utilizando adsorventes de baixo custo e abundantemente disponíveis. Avanços em Environ. Res. 2002, 6, 533-540.

Das, D.D., Mahapatra, R., Pradhan, J., Das, S. N., Thakur, R. S., Removal of Cr (VI) from Aqueous Solution Using Activated Cow Dung Carbon Journal of Colloid and Interface Science. 2000, **232,** 235-240.

De Renzo, D.J., Unit Operations for Treatment of Hazardous Industrial Wastes, Pollution Technology Review No. 47, Noyes Data corporation, New Jersey, U.S.A. 1978.

Demirbas, A., Kucuk, M. M., Delignification of Ailanthus altissimo and spruce orientalis with glycerol or alkaline glycerol at atmospheric pressure. Cellulose Chem. Technol. 1993, 27, 679-686.

Demirbas, A., Mechanisms of liquefaction and pyrolysis reactions of biomass (Mecanismos das reacções de liquefação e pirólise da biomassa). Energy Convers. Mgmt. 2000, 41, 633-646.

Demirbas, E., Kobya, M., Oncel, S., Sencan, S., Removal of Ni II from aqueous solution by adsorption onto hazelnut shell activated carbon: equilibrium studies. Biores. Technol. 2002, 84, 291-293.

Demirbas, O., Alkan, M., Dogan, M., The removal of Victoria Blue from aqueous solution by adsorption on a low-cost material. Adsorção. 2002, 8, 341-349.

Deniseger, J., Erickson, J., Austin, A., Rich, M., Clark, M.J.R., The effects of decreasing heavy metal concentrations on the biota of Buttle Lake. Water Research. 1990, 24, 403-416.

Diniz, C. V., Virgínia, S.T., Ciminelli, Doyle, F. M., O uso da resina quelante Dowex M-4195 na adsorção de íons de metais pesados selecionados em soluções de manganês. Hydrometallurgy. 2005, 78, 147-155.

Eccles, H., Greenwood, H., Chklbte Ion-Exchangers: The Past and Future Applications, a User's View. Solvent Extraction and Ion Exchange. 1992, 10 (4), 713 -727

Agência de Proteção do Ambiente, EPA, Environmental Health Effect Research Series, Toxicity of metals", Vol. 2, Washington, DC, EUA (1977).

Fahim, N.F., Barsoum, B.N., Eid, A.E., Khalil, M.S., Removal of Cr (III) from tannery wastewater using activated carbon from sugar industrial waste. J. Hazard. Mater. 2006,136, 303-309.

Farajzadeh, M.A., Monji, A.B., Caraterísticas de adsorção do farelo de trigo em relação a catiões de metais pesados. Separation Purification Technol. 2004, 38, 197-207.

Fengel, D., Wegner, G., Wood: Chemistry, Ultra structure, and reactions, De Gruyter, New York. 1984.

Friedman, M., Hanison, C.S., Ward, W.H., Lundgren, H.P., Sorption behaviour of Mercury and Mercuric Salts on Wool, J. Appl. Polymer Sci. 1972, 17, 277-290.

Fries, W., Chew, D., Get the metal out, Chemtech. 1993, 23, 32-35.

Gadd, G.M., White, C., Microbial treatment of metal pollution-a working biotechnology? Tendências da Biotecnologia. 1993, 11, 353-359.

Garcia-Valls, R., Hatton, T.A., Complexação de iões metálicos com derivados de lenhina, Chem. Eng. J. 2003, 94, 99-105.

Gardea-Torresdey, J.L., Gonzalez, J.H., Tiemann, K.J., Rodriguez, O., Gamez, G., Phytofilteration of hazardous cadmium, chromium, lead, and zinc ions by biomass of medicago sativa (alfalfa). J. Hazard. Mater. 1998, 57, 29-39.

Gardea-Torresdey, J.L., Tiemann, K.J., Armendariz, V., Bess-Oberto, L., Chianelli, R.R., Rios, J., Parsons, J.G., Gamez, G., Characterization of chromium (VI) binding and reduction to chromium (III) by the agricultural byproduct of Avena monida (oat) biomass. J. Hazard. Mater. B 2000, 80, 175-188.

Garg, V.K., Gupta, R., Kumar, R., Gupta, R.K., Adsorption of chromium from aqueous solution on treated sawdust (Adsorção de crómio de uma solução aquosa em serradura tratada). Biores. Technol. 2004, 92, 79-81.

Gill, R.K., Jindal, V., Gill, S.S., Studies on the biosorption of nickel from the in dustrial effluent. Pollution Research. 1996, 15 (3), 303-306.

Glasser, W.G., Sarkanen, S. Eds. Lignin: Properties and materials. Sociedade Americana de Química, Washington, DC, 1989.

Goel, J., Kadirvelu, K., Rajagopal, C., Garg, V.K, Removal of lead (II) by adsorption using treated granular activated carbon: Batch and column studies, J. Hazard. Mater.2005, B125, 211-220.

Goldstein, I.S. Organic Chemical from Biomass. Boca Raton, FL: CRC Press, 1981.

Grebenyuk, V.D., Verbich, S.V., Linkov, N.A., Linkov, V.M., Adsorção de iões de metais pesados pelo permutador de iões aminocarboxil ANKB-35. Desalination. 1998, 115, 239254.

Gupta, V.K., Ali, I., Removal of lead and chromium from wastewater using bagasse fly ash- a sugar industry waste. J. Colloid Interface Sci. 2004, 271, 321-328.

Gupta, V.K., Equilibrium Uptake, Sorption Dynamics, Process Development, and Column Operations for the Removal of Copper and Nickel from Aqueous Solution and Wastewater Using Activated Slag, a Low-Cost Adsorbent. Investigação em química industrial e de engenharia. 1998, 37(1), 192-202

Gupta, V.K., Jain, C.K., Ali, I., Sharma, M., Saini, V.K., Removal of cadmium and Nickel from wastewater using bagasse fly ash- a sugar industry waste. Water Search. 2000, 37, 4038-4044.

Haas, C. N., Tare, V., Application of ion exchangers to recovery of metals from semiconductor wastes (Aplicação de permutadores de iões à recuperação de metais de resíduos de semicondutores). React. Polym. 1984, 2, 61-70.

Hamadi, N.K., Chen, X.D., Farid, M.M., Lu, M.G.Q., Adsorption kinetics for the removal of chromium (VI) from aqueous solution by adsorbents derived from used tyres and sawdust. Chem. Eng. J. 2001, 84, 95-105.

Hanif, M.A., Nadeem, R., Zafar, M.N., Akhtar, K., Bhatti, H.N., Nickel (II) biosorption by Casia fistula biomass. J. Hazard. Mater. B 2007, 139, 345-355.

Hashem, A., Abou-Okeil, A., El-Shafie, A., El-Sakhawy, M., Enxerto de polpa de celulose com elevado teor de ά- extraída de caules de girassol para remoção de Hg (II) de uma solução aquosa. Polymer-Plastics Technol. *Eng.* 2006, 45, 135-141.

Hashem, A., Akasha, R.A., Ghith, A., Hussein, D.A., Adsorbent based on agricultural wastes for heavy metal and dye removal: A review. Energy Edu. Sci. Technol. 2005, 19, 69-86.

Hashem, R.A., Akasha, A., Ghith, D., Hussein, A., Adsorvente baseado em resíduos agrícolas para a remoção de metais pesados e corantes: A review. Energy Edu. Sci. Technol. 2007, 19, 69-86.

Haung, C., Haung, C.P., Application of aspergillus oryzae and rhizopus oryzae for Cu (II) removal. Water Res. 1996, 9, 1985-1990.

Hergert, H.L. e Pye, E. K., Recent history of organosolv pulping. Tappi Notes- 1992, Solvent Pulping Symposium.1992, 9-26.

Ho, Y.S. and McKay, G., The kinetics of sorption of divalent metal ions onto sphagnum moss peat. Water Research. 2000, 34 (3), 735.

Ho, Y.S., Chiang, C.C., Hsu, Y.C., Sorption kinetics for dye removal from aqueous solution using activated clay. Sep. Sci. Technol. 2001, 36 (11), 2473-2488.

Ho, Y.S., Modelo cinético de segunda ordem para a sorção de cádmio em xaxim: Uma comparação de métodos lineares e não lineares. Water Res. 2006, 40, 119-125.

Horikoshi, T., Nakajima, A., Sakaguchi, T., Estudos sobre a acumulação de elementos de metais pesados em sistemas biológicos, XIX: Acumulação de urânio por microorganismos. Eur. J. Appl. Microbiol. Biotechnol. 1981, 12, 90-96.

Hosea, M., Greene, B., McPherson, R., Henzl, M., Alexander, M.D., Darnall, D.W., Accumulation of elemental gold on alga chlorella vulgaris. Inorg. Chim. Ata. 1986, 123, 161-165.

Huang, C. P., Wu, M.H., The removal of chromium (VI) from dilute aqueous solution by activated carbon. Water Res. *1977,* 11, 673-679.

IARC, Centro Internacional de Investigação do Cancro, Monografias sobre a avaliação dos riscos cancerígenos dos compostos. Vol. II, Nova Iorque, EUA. 1976, 3974.

Inazuka, S., Takehara, M., Yoshida, R., Process for Capturing Metal Ions. Patente dos E.U.A. 1972, 2, 755, 158.

Iqbal, M., Saeed, A., Akhtar, N., Folha de feltro de palmeira: um novo biossorvente para a remoção de metais pesados de águas contaminadas. Biores. Technol. 2002, 81, 151153.

Iqbal, M., Saeed, A., Akhtar, N., Remoção e recuperação de chumbo II de soluções simples e múltiplas (Cd, Cu, Ni, Zn) por resíduos de moagem de culturas (casca de grama preta). J. Hazard. Mater. 2002,117, 65-73.

Jack, Z. Xie, Hsiao-Lung Chang, John, J. Kilbane, Remoção e recuperação de iões metálicos de águas residuais utilizando biossorventes e biossorventes quimicamente modificados. Bioresource Technology. 1996, 57, 27-136.

Jangbarwala, J., Ion exchange resins for metal finishing wastes (Resinas de permuta iónica para resíduos de acabamento de metais). Metal Finishing. 1997, 95, 33-34.

Johns, M.M., Marshall, W.E., Toles, C.A., Agricultural byproducts as granular activated carbons for adsorbing dissolved metals and organics. J. Chem. Technol. Biotechnol. 1998, 71, 131-140.

Kadirvelu, K., Namasivayam, C., Thamaraiselve, K., Removal of heavy metal from industrial wastewaters by adsorption on to activated carbon prepared from an agricultural solid waste. Biores. Technol. 2001, 76, 63-65.

Kais, A., Ebraheema, K., Suhaila, Hamdi, T., Síntese e propriedades de uma resina quelante selectiva de cobre contendo um grupo salicilaldoxima. Reactive & Functional Polymers. 1997, 34, 5-10.

Kannan, N., Rengasamy, G., Comparação da adsorção de Cd em vários carvões activados. Poluição da água, do ar e do solo. 2005,163, 185-201.

Kapoor, A., Viraghavan, T., Fungal Biosorption-an alternative treatment option for heavy metal bearing wastewater: A review. Bioresour. Technol. 1995, 53, 195-206.

Kapoor, A., Viraraghavan, T., Cullimore, D.R., Removal of heavy metals using the fungus *Aspergillus niger.* , Bioresour. Technol.1999, 70, 95-104.

Karnitz, O., Jr. Gurgel, L.V.A., Melo, J.C.P., Botaro, V.R., Melo, T.M.S., Gil, R.P.F., Gil, L.F., Adsorção de iões de metais pesados de uma solução aquosa de metal único por bagaço de cana-de-açúcar quimicamente modificado. Biores. Technol. 2007, 98, 1291-1297.

Karnitz, O., Jr., Gurgel, L.V.A., Melo, J.C.P., Botaro, V.R., Melo, T.M.S., Gil, R.P.F., Gil L.F., Adsorção de íons de metais pesados de uma solução aquosa de metal único por bagaço de cana-de-açúcar quimicamente modificado. Biores. Technol. 2007, 98, 1291-1297.

Karppinen T.H., Yli-Pentti, A., Evaluation of selective ion exchange for nickel and cadmium uptake from the rinse waters of a plating shop, Sep. Sci. Technol. 2000, 35, 1619-1633.

Karthikeyan, T., Rajgopal, S., Miranda, L. R., Chromium(VI) adsorption from aqueous solution by *Hevea Brasilinesis* sawdust activated carbon , J. Hazard. Mater. 2005, B124, 192-199

Kocaoba, S, Comparison of Amberlite IR 120 and dolomite's performances for removal of heavy metals Journal of Hazardous Materials. 2007, 147, 488-496.

Korngold, E., Belfer, S. Urtizbereav, C., Removal of heavy metals from tap water by a cation exchanger. Desalination. 1996, 104, 197-201.

Kratochvil, D., Volesky, B., Biosorption of Cu^{2+} from Ferruginous wastewater by algae biomass. Water Res. 1998, 32, 2760-2768.

Krishanani, K.K., Parmila, V., Meng, X., Detoxification of Chromium (VI) in coastal water using lignocellulosic agricultural waste. Water SA. 2004, 30, 541-545.

Krishnan, K.A., Anirudhan, T.S., Remoção de cádmio (II) de soluções aquosas por carbono sulfurado ativado por vapor preparado a partir de medula de bagaço de cana de açúcar: Estudos cinéticos e de equilíbrio. Water SA. 2003, 29, 147-156.

Kumar, U., Bandyopadhyay, M., Sorption of Cd from aqueous solution using pretreated rice husk. Biores. Technol. 2006, 97, 104-109.

Kurniawan, T.A., Chan, G.Y.S., Lo, W.H., Babel, S., Comparação de adsorventes de baixo custo para o tratamento de águas residuais carregadas com metais pesados. Science Total Environ. 2006, 366, 409-426.

Laine, J., Calafat, A., Labady, M., Preperation and characterization of activated carbon from coconut shell impregnated with phosphoric acid, Carbon. 1989, 27(2), 191-195.

Larous, S., Meniai, A., H., Lehocine, M.B., Estudo experimental da remoção de Cu de soluções aquosas por adsorção utilizando pó de serra. Desalination. 2005,185, 483-490.

Laszlo, J.A. Dintzis, F.R., Crop residues as ion-exchange materials. Treatment of soybean hull and sugar beet fiber (pulp) with epichlorohydrin to improve cationexchange capacity and physical stability. Journal of Applied Polymer Science. 1994, 52, 521-528.

Lehrfeld, J., Conversion of agricultural residues into cation exchange materials (Conversão de resíduos agrícolas em materiais de permuta catiónica). Journal of Applied Polymer Science. 1996, 61, 2099-2105.

Lehto, J., Paajanen, A., Harjula, R., Leinonen, H., Hidrólise e troca de H /Na^{++} pela resina quelante Chelex 100, React. Polym. 1994, 23, 135-140.

Lin, L.C., Ruey-Shin Juang, Equilíbrio de permuta iónica de Cu(II) e Zn(II) de soluções aquosas com as resinas Chelex 100 e Amberlite IRC 748 Chem. Eng. J.2005, 112, 211-218.

Linares Solano, J. De. D., Lopez-Gonazalez, M., Molina-Sabio F., Rodriguez-Reinso, Active Carbons from almond shells as adsorbents in gas and liquid phases. J. Chem. Tech. Biotechnol. 1980, 30, 65-72.

Luef, E., Prey, T., Kubicek, C. P., Biosorption of zinc by fungal mycelial wastes. AppliedMivrobiology and Biotechnology. 1991, 34, 688-692.

Macchi, G., Marani, D., Tirivanti, G., Uptake of mercury by exhausted coffee grounds. Environ. Technol. Lett. 1986,7, 431-444.

Malkoc, E., Nuhoglu, Y., Investigação da remoção de Ni II de soluções aquosas utilizando resíduos da fábrica de chá. J. Hazard. Mater. B2005, 127, 120-128.

Manju, G.N., Anirudhan, T.S., Utilização de pseudo-carvão ativado à base de fibra de coco para a remoção de crómio (VI). Indian J. Environ. Health. 1997, 4, 289-298.

Mantanis, G.I., Young, R. A., Rowell, R. M., 1995. Inchaço de teias de fibras de celulose comprimidas em líquidos orgânicos, Cellulose. 1992, 1, 22.

Maranon, E., Sastre, E. H., Remoção de metais pesados em leitos compactos utilizando resíduos de maçã.

Biores Technol. 1991, 38, 39-43.

Marshall, W.E., Johns, M.M., Subprodutos agrícolas como adsorventes de metais: Propriedades de sorção e resistência à abrasão mecânica. J. Chem. Tech. Biotechnol. 1996, 66, 192-198.

Marzal, P., Seco, A., Gabaldon, C., Ferrer, J., Cadmium and Zinc Adsorption onto Activated Carbon: Influence of Temperature, pH and Metal/Carbon Ratio. J. Chem. Tech. Biotechnol. 1996, 66, 279-285.

Masri, M.S., Reuter F.W., Friedman, M., Binding of metal cations by natural substances. J. Appl. Polymer Sci. 1974, 18, 675-681.

McDonald, G.R., The pulping of wood. Segunda edição, 1992, 1, 56-63

Mckay, G., Otterburn, M.S., Sweny, A.G., Surface mass transfer processes during colour removal from effluent using silica. Water Res. 1981, 15, 327-331.

Mehrotra, R., Dwivedi, N.N., Removal of chromium (VI) from water using unconventional materials (Remoção de crómio (VI) da água utilizando materiais não convencionais). J. Indian Water Works Association. 1988, 20, 323-327.

Menoud, P., Cavin, L., Renken, A., New Regeneration Process of Heavy-Metal- Loaded Chelating Resins. Chem. Eng. Technol. 2000, 23, 441-447

Min, S.H., Han, J.S., Shin, E.W., Park, J.K., Melhoria da remoção de iões de cádmio por fibra de zimbro tratada com base. Water Res. 2004, 38, 1289-1295.

Modak, J.M., Natarajan, K.A., Saha, B., Biosorption of copper and zinc using waste Aspergillus niger biomass. Miner. Metall. Process. 1996, 13(2), 52-57.

Mohan, D., Pittman, C.U., Arsenic removal from water/wastewater using adsorbents- a critical review. J. Hazard. Mater. 2007, 142, 1-53.

Mohan, D., Singh, K.P., Singh, V.K., Chromium (III) removal from wastewater using low cost activated carbon derived from agriculture waste material and activated carbon fabric filter. J. Hazard. Mater. B2006, 135, 280-295.

Mohan, D., Singh, K.P., Single-and multi-component adsorption of cadmium and zinc using activated carbon derived from bagasse-an agricultural waste. Water Res. 2002, 36, 2304-2318.

Mohanty, K., Jha, M., Biswas, M.N., Meikap, B.C., Removal of chromium (VI) from dilute aqueous solutions by activated carbon developed from Terminalia arjuna nuts activated with zinc chloride. Chem. Eng. Sci. 2005, 60, 3049-3059.

Mohanty, K., Jha, M., Meikap, B.C., Biswas, M.N., Biosorption of Cr (VI) from aqueous solutions by *Eichhornia crassipes*, Chem. Engg. J. 2006, 117, 71-77.

Montanher, S.F., Oliveira, E.A., Rollemberg, M.C., Remoção de iões metálicos de soluções aquosas por sorção em farelo de arroz, J. Hazard. Mater. B 2005, 117, 207-211.

Montgomery, D. C., Design and Analysis of Experiments, 6ª edição. Publicação Wiley. 2004.

Montgomery, L.A., Hierarchical Bayes Models for Micro-Marketing Strategies", Constantine Gatsonis et. al (eds.), Case Studies in Bayesian Statistics, SpringerVerlag: Nova Iorque. 1997, 95-141.

Moore, F.L., Solvent Extraction of Mercury from Brine Solution with HighMolecular- Weight Amines. Environmental Science and Technology, 1972, 6(6), 525-529.

Morita, M., Higuchi, M., Sakata, I., Binding of Heavy Metal Ions by Chemically Modified Woods. Journal of Applied Polymer Science. 1987, 24, 1012-1022.

Mortley, Q., Mellowes, W.A., Thomas, S., Carvões activados a partir de materiais de estrutura morfológica variável. Thermochion Ata. 1988. 129,173-186.

Nag, A., Gupta, N., Biswas, M. N., Removal of chromium (VI) and arsenic (III) by chemically treated saw dust. Indian journal of environmental protection. 1998,19, 2529.

Namasivayam, C., Kadirvelu, K., Kumuthu, M., Removal of direct red and acid brilliant blue by adsorption on to banana pith. Bioresour. Techmol. 1998, 64, 77 - 79.

Niu, H., Xu, X.S., Wang, J.H., Remoção de chumbo de soluções aquosas por biomassa de penicilina. Biotechnol. and Bioengg.1993, 42, 785-787.

Oliveira, E.A., Montanher, S.F., Andnade, A.D., Nobrega, J.A., Rollemberg, M.C., Estudos de equilíbrio para a sorção de crómio e níquel de soluções aquosas utilizando farelo de arroz cru. Process Biochemistry. 2005, 40, 3485-3490.

Omar, N. B., Merroun, M. L., Gonzalea-Monoz, M. T., Arias, J. M., Brewery yeast as a biosorbent for uranium, J Appl Bacteriol. 1996, 81, 283.

Orhan, Y., Bujukgungor, H., The removal of heavy metals by using agricultural wastes. Water Sci. Technol. 1993, 28, 247-255.

Osvaldo Jr., K., Gurgel, Leandro Vinicius Alves, de Melo, Julio Cesar Perin, Vagner, R.B., Tania, M.S.M., de Freitas Gil, Rossimiriam P. G., Laurent Frederic, Adsorção de íons de metais pesados de uma solução aquosa de metal único por bagaço de cana-de-açúcar quimicamente modificado. Biores. Technol. 2007, 98, 1291-1297.

Ozer, A., Ekiz, H., Dursun, Kutsul, T., Calgar, A., A comparative study of the biosorption of cadmium(II) ions to *S.leiblenii and R.arrhizus*. Chim. Ata. Ture. 1997, 25, (1), 63-67.

Ozer, A., Ekiz, H., Dursun, Kutsul, T., Calgar, A., Um processo de purificação faseado para remover iões de metais pesados de águas residuais utilizando Rhizopus arrhizus. Process Biochem. 1997, 32, 4, 319-326.

Palma, G., Freer, G.J., Beeza, J., Remoção de iões metálicos por casca de Pinus radiata modificada e taninos de soluções aquosas. Water Res. 2003, 37, 4974-4980.

Panshin, A.J., Zeeuw, C.D., Textbook of Wood Technology, Mcgraw-Hill, Nova Iorque. 1970, 1.

Patterson, J.W., Industrial wastewater treatment technology, second ed. Butterorth Publisher. 1985, Stoneham, MA.

Patterson, R.R., Fendorf, S., Fendorf, M., Reduction of hexavalent chromium by amorphous iron sulphide. Environ. Sci. Technol. 1997, 31, 2039-2044.

Pino, G., de Mesquita, L., Torem, M., Pinto, G., Biosorção de metais pesados por pó de casca de coco verde. Separation Sci. Technol. 2006, 41, 3141-3153.

Prasad, S.C., Dubay, R.B., Remoção de arsénio (III) por sorção em casca de coco. Indian J. Environ. 1995, 75, 36-47.

Qaiser, S., Saleemi, A.R., Ahmad, M.M., Heavy metal uptake by agro based waste materials. Environ. Biotechnol. 2007, 10, 409-416.

Rajeshwarisivaraj, Subburam, V., Activated parthenium carbon as an adsorbent for the removal of dyes and heavy metal ions from aqueous solution. Biores. Technol. 2002, 85, 205-206.

Raji, A.K., Anirudhan, T.S., Sorptive behaviour of chromium (VI) on saw dust carbon in aqueous media. Ecol. Environ. Consevation. 1998, 4, 33-37.

Randall, J.M., Reuter, F.W., Waiss, A.C., Use of bark to remove heavy metal ions from waste solutions. Forest Product Journal. 1974, 24(9), 216, 80-84.

Rao, M., Parwate, A.V., Bhole, A.G., Removal of Cr and Ni from aqueous solution using bagasse and fly ash. Waste Management. 2002, 22, 821-830.

Reddad, Z., Gerente, C., Andres, Y., Ralet, M.C., Thibault, J.-F., Cloirec, P.L., Ni (II) and Cu (II) binding properties of native and modified sugar beet pulp. Carbohydrate Polymer. 2002, 49, 23-31.

Roberts, E.J., Rowland, S.P., Removal of mercury from aqueous solutions by nitrogen-containing chemically modified cotton. Environ. Sci. Technol. 1973, 7, 552555.

Rodrizuez-Reinosa, F., Linares-Salano, A., Molina-Sabio M., Lopez-Gonzataez, J. de D., A ativação de CO_2 em duas fases na preparação de carvão ativado, I. Caracterização por adsorção de gás. Adv. Sci. Technol. 1984, 1, 211-222.

Ruey-Shin Juang, Shwu-Hwa Lee, Sorção em coluna de metais divalentes de soluções de sulfato por resinas macroporosas impregnadas de extractantes. J . Chem. Tech. Biotechnol. 1996, 66, 153-159.

Sag, Y., Kutsal. T., Biosorption of heavy metals by Zoogloea ramigera: use of adsorption isotherms and a comparison of biosorption characteristics. Chem. Eng. J. 1995, 60, 181-188.

Sarin, V., Pant, K.K., Removal of chromium from industrial waste by using eucalyptus bark. Biores. Technol. 2006, 97, 15-20.

Sarkanen, K.V., Ludwig, C.H., Lignins- Occurrence, Formation, structure and reactions. Wiley-

Interscience, Nova Iorque, 1971, 1.

Sciban, M., Klasnja, M., Skrbic, B., Modified hardwood sawdust as adsorbent of heavy metal ions from water. Wood Sci. Technol. 2006, 40, 217-227.

Sciban, M., Radetic, B., Kevresan, Z., Klasnja, M., Adsorção de metais pesados de águas residuais de galvanoplastia por pó de serra de madeira. Biores. Technol. 2007, 98, 402-409.

Seco, A., Gabaldon, C., Marzal, P., Aucejo, A., Effect of pH, cation concentration and sorbent concentration on cadmium and copper removal by a granular activated carbon. Journal of Chemical Technology and Biotechnology. 1999, 74, 911-918.

Seki, K., Saito, N., Aoyama, M., Remoção de iões de metais pesados de soluções por cascas de coníferas. Madeira Sci. Technol. 1997, 31, 441-447.

Sharma, Y.C., Economic Treatment of Cadmium (II)-Rich Hazardous Waste by indigenous Material. J. Colloid Interface Sci. 1995, 176, 66-70.

Sheng, P.X., Ting, Y.P., Chen, J.P., Hong, L., Sorção de chumbo, cobre, cádmio, zinco e níquel por biomassa de algas marinhas: Caracterização da capacidade de biosorção e investigação de mecanismos. J. Colloid Interface Sci. 2004, 275, 131-141.

Shukla, S. S., Yu, L. J., Dorris, K. L., Shukla, A., Removal of nickel from aqueous solutions by sawdust, J. Hazard. Mater. 2005, B121, 243-246.

Shukla, S.R., Pai, R.S., Adsorção de Cu (II), Ni (II) e Zn (II) em fibras de juta modificadas. Biores. Technol. 2005, 96, 1430-1438.

Shukla, S.R., Sakhardande, V.D., Column studies on metal ion removal by dyed cellulosic materials. J. Appl. Polymer Sci. 1992, 44, 903-910.

Shukla, S.R., Sakhardande, V.D., Metal Ion Removal by Dyed Cellulosic Materials (Remoção de iões metálicos por materiais celulósicos tingidos).

Jornal de Ciência dos Polímeros Aplicados. 1991, 42, 825-829.

Shukla, S.S., Yu, L.J., Dorris, K., Shukla, A., Removal of nickel from aqueous solutions by saw dust. J. Hazard. Mater. 2005, B121, 243-246.

Singh, K.K., Rastogi, R., Hasan, S.H., Removal of cadmium from waste water using agricultural waste using rice polish. J. Hazard. Mater. 2005, A121, 51-58.

Sjotrom, E., Wood chemistry fundamentals and applications. Academic Press Inc., Nova Iorque, 1981.

Srinivasan, K., Balasubramanian, N., Ramakrishnan, T.V., Studies on chromium removal by rice husk carbon. Indian J. Environ. Health. 1988, 30, 376-387.

Srivastava, V.C., Mall, I.D., Mishra, I.M., Equilibrium Modelling of Single and Binary Adsorption of Cadmium and Nickel onto Bagasse Fly Ash. Chemical Engineering Journal 2006, 7(1), 79-91.

Sudha, B.R., Abraham, E., Estudos sobre a adsorção de crómio (VI) utilizando biomassa fúngica imobilizada. Biores. Technol. 2003, 87, 17-26.

Tarley, C.R.T., Arruda, M.A.Z., Biosorção de metais pesados utilizando subprodutos da moagem de arroz. Caracterização e aplicação para remoção de metais de efluentes aquosos. Chemosphere. 2004, 54, 987-995.

Tee, T.W., Khan, R.M., Removal of lead, cadmium and zinc by waste tea leaves (Remoção de chumbo, cádmio e zinco por resíduos de folhas de chá).

Environ.Technol. Lett. 1988, 9, 1223-1232.

Theander, O., *In*: Fundamentals of thermochemical biomass conversion (Fundamentos da conversão termoquímica da biomassa). Overand, R. P., Mile, T. A., Mudge, L. K., (Eds.). Elsevier Applied Science Publisher, Nova Iorque, 1985.

Timell T.E., Recent progress in the chemistry of wood hemicelluloses. Wood Sci. Technol. 1967, 1, 45-70.

Urano, K., Tachikawa, H., Desenvolvimento de processos para a remoção e recuperação de fósforo de águas residuais através de um novo adsorvente. 2. Taxas de adsorção e curvas de rutura. Ind Eng Chem Res. 1991, 30, 1897-1899.

Valix, M., Cheung, W.H., Zhang, K., Role of heteroatom in activated carbon for the removal of hexavalent Cr from wastewater. J. Hazard. Mater. 2006, 135.

Vaughan, T., Seo, C.W., Marshall, W.E., Remoção de iões metálicos selecionados de soluções aquosas utilizando espigas de milho modificadas. Biores.Technol. 2001, 78, 133-139.

Venkateswarlu, P., Ratnam, M.V., Rao, D.S., Rao, M.V., Remoção de crómio de uma solução aquosa utilizando pó de folhas de Azadirachta indica (neem) como adsorvente. International J. Physical Sci. 2007, 2, 188-195.

Verma, K.V.R., Swaminathan, T., Subrahmnyam, P.V.R., Heavy metal removal with lignin. Journal of Environmental science and Health. 1990. A 25(2), 242-265.

Vieira, R.H.S.F., Volesky, B., Biosorção: uma solução para a poluição. International Microbiology. 2000, 17-24.

Volesky, B., Holan, Z. R., Biosorption of heavy metals, Biotechnol Prog. 1995, 11, 235-250.

Wafwoy, W., Seo, C.W., Marshall, W.E., Utilização de cascas de amendoim como adsorventes para metais selecionados. J. Chem. Technol. Biotechnol. 1999, 74, 1117-1121.

Wang, C.C., Chang, C.Y., Chen, C.Y., Estudo sobre a adsorção de iões metálicos em resinas quelantes/permutadoras de iões bifuncionais. Macromol. Chem. Phys. 2002, 202, 882-890.

Wenzl, H. F. J, Brauns, F. E., Brauns, D. A., The Chemical Technology of Wood, Nova Iorque:

Academic Pres, 1970.

Winifred Wafwoyo, Chung W Seo, Wayne E. Marshall, Utilization of peanut shells as adsorbents for selected metals, Journal of Chemical Technology and Biotechnology. 1999, 74, 1117-1121.

Organização Mundial de Saúde, OMS, "Guidelines for drinking-water quality". Genebra, 1984, 1-2.

Yang, J., Renken, A., Heavy Metal Adsorption to a Chelating Resin in a Binary Solid Fluidized Bed. Chem. Eng. Technol. 2000, 23, 11.

Yardim, M.F., Budinova, T., Ekinci, E., Petrov, N., Razvigorova, M., Minkova, V., Removal of mercury (II) from aqueous solution by activated carbon obtained from furfural. Chemosphere. 2003, 52 835841.

Young, R. A., Structure, swelling and bonding of cellulose fibers. Em Cellulose: Structure, modification, and hydrolysis. Wiley and Sons, Nova Iorque, 1986, 91-128.

Zhang, L. Zhao, L., Yu, Y., Chen, C., Remoção de chumbo de uma solução aquosa por *Rhizopus nigricans* não vivo. Water Res. 1998, 32, 1437-1444.

Zhou, J.L., Kiff, R.J., The uptake of copper from aqueous solution by immobilized fungal biomass. J. Chem. Technol. 1991, 52, 317-330.

Printed by Books on Demand GmbH, Norderstedt / Germany